高技能人才培训系列教材

实用仪器分析

罗思宝　甘中东　主　编

西南交通大学出版社

·成都·

图书在版编目（CIP）数据

实用仪器分析／罗思宝，甘中东主编. —成都：
西南交通大学出版社，2017.1（2020.1 重印）
ISBN 978-7-5643-5212-7

Ⅰ. ①实… Ⅱ. ①罗… ②甘… Ⅲ. ①仪器分析－教
材 Ⅳ. ①O657

中国版本图书馆 CIP 数据核字（2016）第 322560 号

实用仪器分析

罗思宝　甘中东　**主编**

责 任 编 辑	牛　君	
特 邀 编 辑	赵述华	
封 面 设 计	何东琳设计工作室	
出 版 发 行	西南交通大学出版社	
	（四川省成都市金牛区二环路北一段 111 号	
	西南交通大学创新大厦 21 楼）	
发 行 部 电 话	028-87600564　028-87600533	
邮 政 编 码	610031	
网　　　址	http://www.xnjdcbs.com	
印　　　刷	成都中永印务有限责任公司	
成 品 尺 寸	185 mm × 260 mm	
印　　　张	13.25	
字　　　数	283 千	
版　　　次	2017 年 1 月第 1 版	
印　　　次	2020 年 1 月第 3 次	
书　　　号	ISBN 978-7-5643-5212-7	
定　　　价	35.00 元	

·前　言·

仪器分析是化工分析与检测的重要专业基础课。通过本课程的学习，可以使学生掌握仪器分析的基本原理、基本方法、基本知识和常用仪器的基本操作技能；培养学生分析问题和解决问题的能力，为学习后续专业课程和今后的工作打下坚实的基础。本书紧密结合专业，并且融入了编者的教学经验，选材适当、深浅适宜，符合教学大纲要求；内容安排紧凑、简明扼要，针对性、实用性强；文字流畅、易读易懂；专业名词及计量单位的使用规范。

全书五个模块，共编写了 21 个项目 80 个任务驱动实验，其中基本操作项目实验 8 个，综合项目实验 13 个。内容包括紫外-可见分光光度法、原子吸收分光光度法、气相色谱法、高效液相色谱法、电化学分析法和附录。本书安排两个层次的实验，即基本操作项目实验和综合项目实验。每个模块都先安排基本操作项目实验，然后简要介绍仪器的原理、结构和分析方法，再进行综合项目实验，最后在各项目后的技能拓展中给出该仪器操作说明。编写综合实验的宗旨是依照学生所在专业的需要，设计了分析物质完成过程的项目实验。

参加本书编写工作的有（按姓名笔画排序）：甘中东（模块四、模块五）、陈小平（模块二）、肖春梅（模块一）、罗思宝（模块二、模块三）；全书由罗思宝修改定稿。四川化工职业技术学院张欣教授在百忙之中审阅了书稿，提出了许多宝贵意见，在此表示衷心的感谢。

在本书编写过程中，参考了国内外出版的一些教材、著作和国家标准，引用了其中某些数据和图表，在此向有关作者表示由衷的感谢。

尽管全体编者付出了极大的热情和努力，但由于水平有限，书中的疏漏和不当之处在所难免，恳请读者批评指正。

编　者

2016 年 7 月

·目 录·

绪 论

　　仪器分析是分析化学的一部分，它是根据物质的物理和物理化学性质来测定物质的组成及相对含量等的分析方法。仪器分析通常需要一些较为精密、特殊的仪器，随着科学技术的发展，不仅强化和改善了原有仪器的性能，还推出了很多新的分析测试仪器；并将其广泛应用于石油、化工、食品监测、环境保护等领域。因此，常用分析仪器的一些基本原理和实验技术是每位分析人员必须掌握的基础知识和基本技能。

一、仪器分析方法分类

　　根据测定方法的原理不同，可以分为光化学分析法、电化学分析法、色谱法和其他分析方法。将常用的仪器分析方法分类列表如下（表 0-1）：

表 0-1　常用的仪器分析方法

方法分类	测定方法原理	对应的分析方法（部分）
光化学分析	眼睛观察比较有色溶液颜色深度（或浑浊）	目视比色法
	物质对光的选择性吸收（分子吸收）	紫外-可见分光光度法
	物质原子蒸气对特殊光源的吸收	原子吸收光谱法
电化学分析	利用物质的电学和电化学性质	直接电位法
	用电池电动势的突跃来确定滴定分析的终点	电位滴定法
	准确测量电解过程中所消耗的电量进行定量分析	库伦分析法
色谱分析	根据被测物质在流动相和固定相中的作用力不同，经过反复多次的分配，从而达到分离的目的。当流动相为气体时，适合低沸点有机物的分离	气相色谱法
	当流动相为液体时，适合分离的物质范围大大扩大	液相色谱法
其他分析方法	利用离子在电场、磁场中运动性质的差异，将其按质荷比（m/z）大小进行分离	质谱法

二、仪器分析的特点

目前被广泛应用于分析的仪器分析方法的特点：

（1）操作简便而快速，特别是针对低含量的物质组分分析。

（2）分析仪器的微机化和智能化。

（3）仪器分析在物质的结构、组分价态以及元素在微区的空间分布等测定方面具有优势。

三、仪器分析的发展

随着科学技术的发展，分析化学在方法和实验技术方面都发生了深刻的变化，特别是新的仪器分析方法不断出现，且其应用日益广泛，从而使仪器分析在分析化学中所占的比重不断增长，并成为现代实验的重要支柱。

现代仪器分析技术正向智能化方向发展，发展趋势主要表现是：基于微电子技术和计算机技术的应用实现分析仪器的自动化，通过计算机控制器和数字模型进行数据采集、运算、统计处理系统实现了分析仪器数字图像处理能力的发展。分析仪器的联用技术向测试速度超高速化、分析试样超微量化、分析仪器超小型化的方向发展。

模块一　紫外-可见分光光度法

项目一　高锰酸钾吸收光谱曲线绘制

任务驱动

可见分光光度法的基础是目视比色法。目视比色利用有色溶液的颜色深浅判断试样中组分含量的范围，该法实用面窄。分光光度法利用分光装置优化了光源，得到单色光，使物质对光的选择性吸收更灵敏、更准确，可以对物质进行定性分析和定量分析。比如，物质的吸收光谱曲线可以是定性依据。

培养目标

（1）掌握光吸收的基本原理及朗伯-比尔定律；
（2）掌握分光光度法测定试样中微量铁的原理；
（3）能正确绘制吸收光谱曲线，正确选择最大吸收波长；
（4）学会可见分光光度计的操作；
（5）熟练掌握用工作曲线法处理分析结果。

任务一　实验准备和试剂配制

准备仪器

721 或 722 型分光光度计，小烧杯，容量瓶（比色管），吸量管，洗耳球，洗瓶，滤纸片等。

准备试剂

（1）标准贮备溶液（含锰 0.1 mg/mL）：高锰酸钾。
（2）标准使用溶液（含锰 10 μg/mL）：准确移取标准贮备溶液 5.00 mL 于 50 mL 容量瓶（比色管）中，用蒸馏水稀释至刻度，摇匀即可。

任务二 显色溶液的配制

取 50 mL 容量瓶（比色管）2 只，分别准确加入 10.0 μg/mL 的高锰酸钾标准使用溶液 0.00 mL、6.00 mL，用蒸馏水稀释至刻度，摇匀。

任务三 测绘吸收光谱曲线并选择测定波长

活动一 测绘吸收光谱曲线

选用加有 6.00 mL 锰标准溶液的显色溶液，以不含锰（0.00 mL）的试剂溶液为参比，用 2 cm（1 cm）的比色皿，在波长 470～570 nm 范围内，每隔 10 nm 测量一次吸光度。在峰值附近，每隔 5 nm 测量一次。以吸光度为纵坐标，波长为横坐标，绘制吸收光谱曲线。

选择吸收光谱曲线的最大吸收波长（吸光度最大所对应的波长）λ_{max} 为锰测定波长。

活动二 实验数据记录及处理

根据上述数据绘制吸收光谱曲线，确定最大吸收波长即为测定波长。实验记录如表 1-1 所示：

表 1-1 高锰酸钾吸收光谱曲线测绘实验数据

波长 λ/nm	470	480	490	500	505	510	515	520	530	540	550	560	570
吸光度（A）													

任务四 实验过程和结果评价

高锰酸钾的吸收光谱曲线绘制实验评分如表 1-2 所示：

表 1-2 实验评分

操作要求	鉴定范围	鉴定内容	分值	得分	鉴定比例
操作技能	基本操作技能	标准贮备溶液和标准工作溶液的配制	3		20%
		开机、关机操作	2		
		光度测量操作（波长的选择、吸光度测量方法）	5		
		正确记录数据和正确绘制吸收光谱曲线	5		
		显色反应条件的选择（显色剂、酸度、还原剂）	2		
		数据的正确处理	3		

续表

操作要求	鉴定范围	鉴定内容	分值	得分	鉴定比例
仪器使用与维护	设备的使用与维护	正确认识使用光源	5		30%
		正确认识使用单色器	5		
		正确认识使用光电管	5		
	玻璃仪器的使用与维护	正确使用比色管、吸收池	10		
		正确使用烧杯、滴管、容量瓶、移液管、玻璃棒等	5		
数据结果处理	吸收曲线的绘制	一条平滑的曲线，峰值突出	20		40%
		曲线有两个以下的起伏，峰值一般	10		
		多个起伏，无明显峰值	0		
	最大吸收波长	515 nm	20		
		（515±10）nm	10		
		小于 505 nm 或大于 525 nm	0		
安全与其他		合理支配时间 保持整洁、有序的工作环境 合理处理、排放废液 安全用电 正确记录原始数据 按时完成实验报告，并整洁有序	10		10%

项目二　水中微量铁含量的测定（定性分析）

任务驱动

可见分光光度法的定性是利用一定范围内不同波长的光照射同一透明物质时，吸光度（A）不同，以波长为横坐标，吸光度为纵坐标作图，得到该物质的吸收光谱曲线。由于物质对光的选择性吸收，不同物质的吸收光谱曲线是不一样的，可以作为物质定性的依据。当物质溶液为无色时，可以通过实验方法显色，再进行吸收光谱曲线的测定。

培养目标

（1）掌握光吸收的基本原理及朗伯-比尔定律；

（2）掌握分光光度法测定试样中微量铁的原理；

（3）能正确绘制吸收光谱曲线，正确选择最大吸收波长；

（4）学会可见分光光度计的操作；

（5）熟练掌握用工作曲线法处理分析结果。

任务一 实验准备和试剂配制

活动一 准备仪器与试剂

 准备仪器

721 或 722 型分光光度计，小烧杯，容量瓶，吸量管，洗耳球，洗瓶，滤纸片等。

 准备试剂

$(NH_4)_2Fe(SO_4)_2 \cdot 12H_2O$（AR），10%盐酸羟胺（新配制），1 mol/L NaAc，邻二氮菲溶液（0.15%，新配制）。

活动二 配制溶液

1. 试液制备

（1）10.0 μg/mL 标准铁溶液的制备：精确称取分析纯 $(NH_4)_2 \cdot Fe(SO)_2 \cdot 12H_2O$ 0.7002 g，置于小烧杯中，加入 30 mL 3 mol/L H_2SO_4 溶液和少量水，溶解后，转移至 1 000 mL 容量瓶中用水稀释至刻度，摇匀。从中吸取 50 mL 该溶液于 500 mL 容量瓶中，加入 20 mL 3 mol/L H_2SO_4 溶液，用水稀释至刻度，摇匀。

（2）1 mol/L NaAc 溶液。

2. 显色溶液的配制

分别吸取上述标准铁溶液（10.0 μg/mL）0.00 mL、2.00 mL、4.00 mL、6.00 mL、8.00 mL、10.00 mL 于 50 mL 容量瓶中，依次加入 NaAc 溶液 5 mL、盐酸羟胺溶液 1 mL、邻二氮菲溶液 2 mL，然后用蒸馏水稀释至刻度，摇匀，放置 10 min。

注 意

（1）在显色过程中，每加入一种试剂都要摇匀。

（2）在测定过程中，每改变一次波长都要重新调整零点。

任务二 测绘吸收光谱曲线并选择测定波长

活动一 测定绘制吸收光谱曲线

选用加有 6.00 mL 铁标准溶液的显色溶液，以不含铁的试剂溶液为参比，用 2 cm（1 cm）的比色皿，在波长 450 ~ 550 nm 之间，每隔 10 nm 测量一次吸光度。在峰值附近，每隔 5 nm 测量一次。以吸光度为纵坐标，波长为横坐标，绘制吸收光谱曲线。

选择吸收光谱曲线的最大吸收波长（吸光度最大所对应的波长）λ_{max} 为邻二氮菲测铁的测定波长。

活动二 记录实验数据

实验数据记录如表 1-3 所示：

表 1-3 邻二氮菲测铁吸收光谱曲线测绘实验数据

λ/nm	450	460	470	480	490	500	505	510	515	520	530	540	550
吸光度（A）													

任务三 实验过程和结果评价

邻二氮菲测水中微量铁的吸收光谱曲线绘制评分如表 1-4 所示。

表 1-4 实验评分

操作要求	鉴定范围	鉴定内容	分值	得分	鉴定比例
操作技能	基本操作技能	标准贮备溶液和标准工作溶液的配制	3		20%
		开机、关机操作	2		
		光度测量操作（波长的选择、吸光度测量方法）	5		
		正确记录数据和正确绘制吸收光谱曲线	5		
		显色反应条件的选择（显色剂、酸度、还原剂）	2		
		数据的正确处理	3		
仪器使用与维护	设备的使用与维护	正确认识使用光源	5		30%
		正确认识使用单色器	5		
		正确认识使用光电管	5		
	玻璃仪器的使用与维护	正确使用比色管、吸收池	10		
		正确使用烧杯、滴管、容量瓶、移液管、玻璃棒等	5		

续表

操作要求	鉴定范围	鉴定内容	分值	得分	鉴定比例
数据结果处理	吸收曲线的绘制	一条平滑的曲线，峰值突出	20		40%
		曲线有两个以下的起伏，峰值一般	10		
		多个起伏，无明显峰值	0		
	最大吸收波长	510 nm	20		
		（510±10）nm	10		
		小于 500 nm 或大于 520 nm	0		
安全与其他	合理支配时间 保持整洁、有序的工作环境 合理处理、排放废液 安全用电 正确记录原始数据 按时完成实验报告，并整洁有序		10		10%

项目三　邻二氮菲测定水中微量铁含量（定量分析）

任务驱动

可见分光光度法是目前应用最广泛的一种仪器分析方法，主要用于试样中微量组分含量的测定。该法是基于物质对光的选择性吸收而建立起来的一种光学分析法，具有灵敏度高、准确度高、操作简单、应用广泛等特点。比如可以用它来测定水中微量铁的含量。

培养目标

（1）掌握光吸收的基本原理及朗伯-比尔定律；
（2）掌握分光光度法测定试样中微量铁的原理；
（3）能正确绘制吸收光谱曲线，正确选择最大吸收波长；
（4）学会可见分光光度计的操作；
（5）熟练掌握用工作曲线法处理分析结果。

任务一　实验准备和试剂配制

准备仪器

721 型、721G 型、721N 型或 722 型分光光度计，容量瓶（比色管）50（100）mL（2 只），

吸量管 10 mL（2 只）、5 mL（2 只）、1 mL（1 只）。

准备试剂

（1）10.0 μg/mL 铁标准溶准确称取 0.7002 g $(NH_4)_2Fe(SO_4)_2 \cdot 12H_2O$，置于烧杯中，以 30 mL 3 mol/L H_2SO_4 溶液溶解后转入 1 000 mL 容量瓶中，用蒸馏水稀释至刻度，摇匀。从中吸取 50 mL 该溶液于 500 mL 容量瓶中。加 20 mL 3mol/L H_2SO_4 溶液，用蒸馏水稀释至刻度，摇匀。

（2）0.15%邻二氮菲溶液（临用时配制）：先用少许乙醇溶解，再用水稀释。

（3）10%盐酸羟胺溶液（临用时配制）。

（4）1 mol/L NaAc 溶液。

任务二　实验过程测定

活动一　显色溶液的配制

1. 显色溶液的配制

（1）标准系列显色溶液的配制

取 50 mL（100 mL）容量瓶（比色管）6 只，分别准确加入 10.0 μg/mL 的铁标准溶液 0.00 mL、2.00 mL、4.00 mL、6.00 mL、8.00 mL、10.00 mL，再于各容量瓶（比色管）中分别加入 10 %的盐酸羟胺溶液 1mL，摇匀，稍停，再各加入 1 mol/L NaAc 溶液 5 mL 及 0.15 %的邻二氮菲溶液 2 mL，每加一种试剂后均摇匀再加另一种试剂，最后用蒸馏水稀释至刻度，摇匀。

（2）未知铁试样溶液的配制

分别准确吸取原始未知铁试样溶液 5.00 mL 于三只 50 L（100 mL）容量瓶（比色管）中，再于各容量瓶（比色管）中分别加入 10 %的盐酸羟胺溶液 1 mL，摇匀，稍停，再各加入 1 mol/L NaAc 溶液 5mL 及 0.15 %的邻二氮菲溶液 2 mL，每加一种试剂均需摇匀后再加另一种试剂，最后用蒸馏水稀释至刻度，摇匀。

2. 标准工作曲线的绘制

在实验一选定的测定波长下，以不含铁（0.00 mL）的试剂溶液为参比，用 2 cm

（1 cm）的比色皿，测定以上配制好的各个显色溶液的吸光度，以溶液浓度为横坐标，测定溶液的吸光度为纵坐标，绘制标准工作曲线。

3. 样品的测定

在与标准工作曲线同样的条件下，测量未知溶液的吸光度。

活动二　实验记录和结果计算

1. 标准工作曲线的绘制记录（表 1-5）

表 1-5　邻二氮菲测铁吸收工作曲线绘制实验记录

铁标准溶液体积/mL	2.00	4.00	6.00	8.00	10.00
含铁量/μg	20.0	40.0	60.0	80.0	100.0
吸光度（A）					

2. 未知样的测定记录（表 1-6）

表 1-6　邻二氮菲测铁未知样测定实验记录

未知原始溶液的体积/mL	5.00	5.00	5.00
吸光度（A）			
未知溶液的含铁量/μg			

3. 数据处理和计算结果标准工作曲线绘制和样品测定

（1）以吸光度为纵坐标、含铁量（μg）为横坐标，绘制标准工作曲线。
（2）通过标准工作曲线查得试样吸光度相应的含铁量 x（μg）。
（3）试样的原始浓度计算如下。

$$试样的原始浓度 C_x(μg/mL)=\frac{试样含铁量 X(μg)}{试液体积 V(mL)} \tag{1-1}$$

任务三　实验过程和结果评价

邻二氮菲测量水中微量铁评分如表 1-7 所示：

表 1-7　实验评分

操作要求	鉴定范围	鉴定内容	分值	得分	鉴定比例
操作技能	基本操作技能	标准贮备溶液和标准工作溶液的配制	3		20%
		开机、关机操作	2		
		光度测量操作（最大吸收波长的选择、吸光度测量方法）	5		

续表

操作要求	鉴定范围	鉴定内容	分值	得分	鉴定比例
操作技能	基本操作技能	正确记录数据和正确绘制工作曲线以及工作曲线的正确使用	5		
		显色反应条件的选择（显色剂、酸度、还原剂）	2		
		数据的正确处理	3		
仪器使用与维护	设备的使用与维护	正确认识使用光源	5		30%
		正确认识使用单色器	5		
		正确认识使用光电管	5		
	玻璃仪器的使用与维护	正确使用比色管、吸收池	10		
		正确使用烧杯、滴管、容量瓶、移液管、玻璃棒等	5		
数据结果处理	工作曲线线性（R值）	0.999～1（包括 0.999）	20		40%
		0.99～0.999	10		
		<0.99	0		
	测定结果准确度/%	相对误差<1	20		
		相对误差<5	10		
		相对误差≥5	0		
安全与其他	合理支配时间 保持整洁、有序的工作环境 合理处理、排放废液 安全用电 正确记录原始数据 按时完成实验报告，并整洁有序		10		10%

■ 知识拓展

一、基本概念

众所周知，很多溶液都是有颜色的，比如硫酸铜溶液是蓝色的，高锰酸钾溶液是紫色的，而且浓度越大，颜色越深。所以，人们可以用眼睛比较溶液颜色深浅的方法来检测物质的含量，这种方法叫做目视比色法。但这种方法不是很精确，随着仪器的发展，现在用分光光度计来检测物质含量，这种方法叫做分光光度法。

分光光度法是基于物质对光的选择性吸收而建立起来的分析方法。按照光的波长不同可以分为可见分光光度法（$\lambda=400 \sim 780$ nm）、紫外分光光度法（$\lambda=200 \sim 400$ nm）和红外分光光度法（$\lambda=3 \times 10^3 \sim 3 \times 10^4$ nm）。本模块着重介绍紫外-可见分光光度。该法有如下特点：

（1）灵敏度高。被测物最低浓度一般为 $10^{-5} \sim 10^{-6}$ mol/L，适用于微量组分的测定。

（2）准确度高。相对误差一般为 2%～5%，准确度虽不及化学法，但对于微量组分的测定，已完全满足要求。

（3）操作简单、测定快速，设备性价比高。

（4）应用广泛。大部分无机离子和很多有机物质的微量成分都可以直接或间接地用这种方法测定。紫外吸收光谱法还可用于芳香化合物及含共轭体系化合物的鉴定及结构分析。

二、光的概念

1. 光的概念和性质

光是一种电磁波，具有波粒二相性。具有单一波长的光叫单色光，由不同波长组成的光叫复合光。人眼能感觉到的光的波长在 400～780 nm，称为可见光，它是由红、橙、黄、绿、青、蓝、紫等各种色光按一定比例混合而成的。由两种单一波长的光按照一定的比例混合而成为一束白光，那么这两种单色光互称为互补光。当一束白光透过某一有色溶液时，一部分光被吸收，一部分光被透射出来（其他散射反射光忽略不计），透射光刺激人眼而使人感到颜色存在。物质对不同波长的光选择性吸收而使物质呈现不同的颜色，比如硫酸铜溶液呈现蓝色是因为溶液吸收了入射光中的黄光。图 1-1 列出了物质颜色与吸收光颜色的互补关系。光吸收的程度叫吸光度，用 A 表示；光透过的程度叫透光度，用 T 表示。

2. 吸收光谱曲线

任何一种溶液对不同波长光的吸收程度是不一样的。若以不同波长的光照射某一溶液，并测量每一波长下溶液对光的吸收程度（即吸光度 A），以吸光度 A 为纵坐标、相应波长 λ 为横坐标，所得 A-λ 曲线，称为吸收光谱曲线（简称吸收曲线）。它更清楚地描述了物质对光的吸收情况，该曲线由实验制得。如图 1-2 是某浓度 $KMnO_4$ 溶液吸收光谱曲线图。

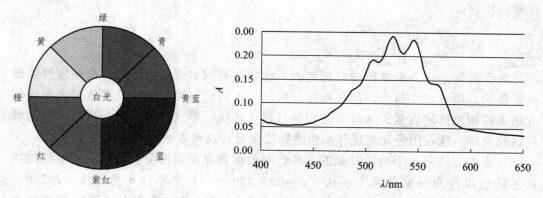

图 1-1 互补光示意图　　　　图 1-2 某浓度 $KMnO_4$ 溶液吸收光谱曲线图

3. 吸收曲线的讨论

（1）同一种吸光物质对不同波长的光吸收程度不同。吸光度最大处对应的波长称为最大吸收波长，用 λ_{max} 表示。

（2）同一种物质的浓度不同，其吸收曲线形状相似，λ_{max} 相同，只是相应的吸光度大小不同。在 λ_{max} 处，吸光度 A 正比于浓度 C，测定最灵敏。而对于不同物质，它们的吸收曲线形状和 λ_{max} 则都不同。

（3）不同物质吸收曲线的特性不同。因此吸收曲线可以提供物质的结构信息，并作为物质定性分析的依据之一。

三、朗伯-比尔定律

朗伯-比尔定律是光吸收基本定律，是分光光度法定量计算的依据。

朗伯-比尔定律：当一束平行单色光通过含有吸光物质的稀溶液时，溶液的吸光度与吸光物质的浓度、液层厚度的乘积成正比。即

$$A = kbc \qquad\qquad (1\text{-}2)$$

式中常数 k 与吸光物质的本性、入射光波长及温度等因素有关，k 可用 a（质量吸光系数）或 ε（摩尔吸光系数）表示；c 为吸光物质的浓度；b 为透光液层厚度。

$A = kbc$ 比例常数 k 的取值与浓度的单位有关：

① 当 c 的单位为 g/L 时，比例常数用 a 表示，称为质量吸光系数。

则 $\qquad\qquad A = ab\rho$

a 的单位：L/(g·cm)。

② 当 c 的单位用 mol/L 时，比例常数用 ε 表示，称为摩尔吸光系数。

则 $\qquad\qquad A = \varepsilon bc$

ε 的单位：L/(mol·cm)。

则得 a 与 ε 的关系：

$$\varepsilon = Ma$$

摩尔吸光系数的物理意义：当溶液浓度为 1 mol/L、液层厚度为 1 cm 时物质对光的吸收程度。

四、工作曲线法

工作曲线法又称标准曲线法，是实际工作中使用最多的一种定量方法，是由实验绘制得到的（需在最大吸收波长处测定吸光度值）。绘制方法如下：

（1）配制一系列不同浓度的标准溶液（五个以上）。

（2）以空白溶液为参比溶液，在 λ_{max} 处测定各自吸光度 A 值。

（3）以浓度 c 为横坐标、以吸光度 A 为纵坐标绘制曲线，即得到一条过原点的直线。测定样品时，按照同样的方法配制样品溶液并测定其吸光度 A 值，在工作曲线上找出与此吸光度相应的浓度，即为样品的浓度 c_x，再计算样品的组分含量。

五、紫外-可见分光光度计

（一）结　构

在紫外及可见光区用于测定溶液吸光度的分析仪器称为紫外-可见分光光度计（简称分光光度计）。目前，紫外-可见分光光度计的型号很多，但它们的基本构造都

相似，都由光源、单色器、样品吸收池、检测器和信号显示系统五大部件组成，其结构如图1-3所示。

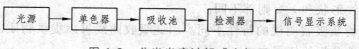

图1-3 分光光度计组成方框图

由光源发出的光，经单色器获得特定波长的单色光照射到样品溶液，部分光被样品吸收，透过的光经检测器将光强度转变为电信号变化，并经信号指示系统调制放大后，显示或打印出吸光度 A 值，完成测定。

1. 光　源

在整个紫外光区或可见光谱区可以发射出连续光谱。要求：具有足够的辐射强度、较好的稳定性、较长的使用寿命。光源一般可分为可见光光源和紫外光光源。

可见光光源：通常用钨灯做光源，最适宜的使用波长范围在 380～1 000 nm。目前不少分光光度计已经采用用卤钨灯代替钨灯，如 754 型分光光度计。

紫外光光源：氢灯、氘灯和氙灯等。使用波长为 185～375 nm 的连续光谱。

2. 单色器

单色器的作用是将光源发射的复合光分解成单色光，并从中选出所需波长的单色光，它是分光光度计的核心部分。单色器主要由狭缝、色散元件和透镜系统组成。

3. 吸收池

吸收池亦称为比色皿，是用于盛放待测溶液和决定透过液层厚度的器件。根据光学透光面的材质不同，吸收池有玻璃吸收池和石英吸收池两种。玻璃吸收池只用于可见光光区的测定，石英吸收池可用于可见、紫外光区的测定。在实际工作中，为了消除误差，在测量前还必须对吸收池进行配套性检验（$T\% < 0.5\%$），吸收池常用规格有 0.5 cm、1.0 cm、2.0 cm、3.0 cm 和 5.0 cm。

使用吸收池时的注意事项：

（1）拿取吸收池时，只能用手指接触两侧的毛玻璃，不可接触光学面。

（2）不能将光学面与硬物或脏物接触，只能用擦镜纸或丝绸擦拭光学面。

（3）凡含有腐蚀玻璃的物质（如 F^-、$SnCl_2$、H_3PO_4 等）的溶液，不得长时间盛放在吸收池中。

（4）吸收池使用后应立即清洗干净。

（5）不得在电炉或火焰上对吸收池进行烘烤。

4. 检测器

检测器的作用是利用光电效应将透过吸收池的光信号变成可测的电信号。常用的检测器有光电池、光电管或光电倍增管等，它们都是基于光电效应原理制成的。目前最常见的检测器是光电倍增管，其特点是在紫外-可见区的灵敏度高，响应快；

但强光照射会对其产生不可逆损害，因此不宜检测高能量，需避光。

5. 信号显示系统

信号显示系统的作用是将检测器产生的电信号经放大处理后，以一定方式显示出来，以便计算和记录。一般由检流计、数字显示、微机等仪器组成。

（二）类　型

紫外-可见分光光度计按使用波长可分为可见分光光度计（图 1-4）和紫外-可见分光光度计（图 1-5）两类。前者使用的波长为 400～780 nm，后者使用的波长为 200～1 000 nm。可见分光光度计只能用于测量有色溶液的吸光度，而紫外-可见分光光度计可测量在紫外、可见及近红外有吸收的物质的吸光度。

紫外-可见分光光度计按光路可分为单光束分光光度计和双光束分光光度计两类；按测量时提供的波长数又可分为单波长分光光度计和双波长分光光度计两类。双波长分光光度计的特点是不用参比溶液，只用一个待测试液；不仅能测定高浓度试样和多组分试样，还能测定浑浊溶液；在测定会相互干扰的混合试样时，不仅操作简单，而且精确度高。

图 1-4　721 型可见分光光度计

图 1-5　UV-1800 型紫外-可见分光光度计

六、测量条件的选择

1. 测量波长的选择

入射光波长一般根据被测组分的吸收光谱曲线来选择，多数是以 λ_{max} 作为测定波长，灵敏度高，可得到较好的测量精度。但最大吸收波长处若有干扰存在（如共存离子或所用试剂有吸收，即其他吸光物质）时，则在保证一定灵敏度的情况下，可以选择吸收曲线中其他波长进行测定（应选曲线平坦处对应的波长），以消除干扰。

2. 参比溶液的选择

测定试样溶液的吸光度，需先用参比溶液调节透光度为 100%（吸光度为 0），以消除其他成分及吸收池和溶剂等对入射光的反射和吸收带来的测定误差。

参比溶液的选择视分析体系而定，具体情况如下。

（1）溶剂参比试样简单、共存其他成分对测定波长几乎没有吸收时，只考虑消除溶剂与吸收池等因素。如测定试样溶液中高锰酸钾含量时，就可以用蒸馏水作为参比溶液。

（2）试剂参比（空白参比）：如果显色剂或其他试剂在测定波长有吸收，按显色反应相同的条件，用空白溶液（不加入试样，其他试剂和溶剂相同的溶液）作为溶液参比。

（3）试样参比（样品参比）：如果试样中其他组分在测定波长有吸收，而又不与显色剂反应，且显色剂在测定波长无吸收时，可用试样溶液（与显色反应相同的条件处理试样，只是不加入显色剂）作为参比。

（4）褪色参比：如果显色剂及样品机体均有吸收，这时可以在显色液中加入某种褪色剂，选择性地与被测离子配位（或改变其价态），生产稳定无色的配合物，使已经显色的产物褪色。用此溶液作为参比溶液的称为褪色参比溶液。

选择参比溶液总的原则是：使试液的吸光度真正反映待测物浓度。

3. 吸光度测量范围的选择

任何类型的分光光度计都有一定的测量误差，由朗伯-比尔定律推导可知当 $A=0.4343$ 时，吸光度测量误差最小。因此为了使测量结果得到较高的准确度，一般应控制标准溶液和被测试液吸光度的测量范围在 0.2 ~ 0.8 之间。为了使测量的吸光度在适宜的范围内，可以通过调节被测溶液的浓度或使用厚度不同的吸收池等方法来达到目的。

目标检测

一、选择题

1. 可见光区所指的波长范围是（　　　）。
   A. 200 ~ 400 nm　　　　　　　　　B. 400 ~ 780 nm
   C. 1 000 nm　　　　　　　　　　　D. 100 ~ 200 nm

2. $CuSO_4$ 溶液呈现蓝色是由于它吸收了白光中的（　　　）。
   A. 蓝色光　　　　B. 绿色光　　　　C. 黄色光　　　　D. 灰色光

3. 在可见分光度计中，用于可见光区的光源是（　　　）
   A. 钨灯　　　　　B. 卤钨灯　　　　C. 氘灯　　　　　D. 能斯特灯

4. 吸光性物质的摩尔吸光系数与下列（　　　）因素有关。
   A. 比色皿厚度　　　　　　　　　　B. 该物质浓度
   C. 吸收池材料　　　　　　　　　　D. 入射光波长

5. 在分光光度法中，测得的吸光度值都是相对于参比溶液的，是因为（　　　）
   A. 吸收池和溶剂对入射光有吸收和反射作用
   B. 入射光为非单色光
   C. 入射光不是平行光
   D. 溶液中的溶质产生离解、缔合等化学反应

6. 在光度分析中，参比溶液的选择原则是（　　　）

A. 通常选用蒸馏水

B. 通常选用试剂溶液

C. 根据加入试剂和被测试液的颜色、性质来选择

D. 通常选用褪色溶液

二、填空题

1. 在分光光度法中，通常采用_____为测定波长。此时，试样浓度的较小变化将使吸收度产生_____变化。

2. 紫外-可光分光光度法实验中，不同浓度的同一物质，其吸光度随浓度增大而_____，但最大吸收波长_____。

3. 分光光度法中，吸收曲线描绘的是_____和_____间的关系，而工作曲线表示了_____和_____间的关系。

4. 分光光度法的定量原理是_____定律，它的适用条件是_____和_____，影响因素主要有_____、_____。

5. 摩尔吸光系数的单位是_____，常用符号_____表示，它所表示的物理意义是_____。

三、问答题

1. 名词解释：比色分析法、分光光度法、单色光、互补光、吸收光谱曲线、吸光度、最大吸收波长。

2. 什么是吸收曲线？什么是标准曲线？它们有何实际意义？

3. 被测溶液的吸光度控制在什么范围为好？为什么？如何控制被测溶液的吸光度在此范围？

4. 本实验中哪些溶液的量取需要非常准确？哪些不需要很准确？为什么？

5. 标准曲线坐标分度的大小如何选择，才能保证读出测量值的全部为有效数字？

6. 实验所得的标准曲线中，各点是否完全在直线上？若不是，可能是什么原因？

7. 根据邻二氮菲亚铁配离子的吸收光谱，其 A_{max} 为 510 nm。本次实验中用 721 型分光光度计测得的最大吸收波长是多少？若有差别，试解释。

项目四　紫外分光光度法测定苯甲酸的含量（定性和定量分析）

任务驱动

紫外分光光度法是基于物质对紫外线的选择性吸收来进行物质分析和组分含量测定的方法。该法主要是利用 200～400 nm 的近紫外光测定试样中微量组分含量的。同时紫外吸收光谱也为有机化合物的定性分析提供了有用的信息，目前应用非常广泛。比如，可以用它来对苯甲酸进行定性和定量分析等。

培养目标

（1）进一步理解朗伯-比尔定律；

（2）掌握紫外吸收曲线的测定与绘制方法；

（3）学会工作曲线定量方法；

（4）掌握紫外分光光度计的使用方法；

（5）熟练掌握用工作曲线法处理分析结果。

任务一　实验准备和试剂配制

准备仪器

UV-1801、1601 型紫外-可见分光光度计，1 cm 石英吸收池一套，50 mL 容量瓶 10 只，100 mL 容量瓶 1 只，刻度吸管 5 mL、10 mL 各一支，滴管一支。

准备试剂

（1）苯甲酸标准贮备液（1.00 mg/mL）：精确称取分析纯苯甲酸 1 000 mg（预先经 105 ℃ 烘干），用 0.1 mol/L NaOH 溶液 100 mL 溶解后，再用蒸馏水稀释至 1 000 mL。此溶液 1 mL 含 1.00 mg 苯甲酸。

（2）未知液：浓度为 40 ~ 60 μg/mL。

任务二　苯甲酸的定性比较

将未知溶液稀释成 5 μg/mL（配制方法自定）。以蒸馏水为参比溶液，于波长 200 ~ 350 nm 范围内扫描溶液，绘制吸收曲线，根据所得的吸收曲线对照标准谱图（见项目五中任务二），并依据吸收曲线确定测定波长。

任务三　苯甲酸的定量分析

活动一　工作曲线的绘制

标准工作曲线的绘制：分别准确移取 1.00 mg/mL 苯甲酸钠标准储备溶液 5.00 mL，在 100 mL 容量瓶中定容（此溶液的浓度为 50.00 μg/mL），再分别移取此溶液 1.00 mL、2.00 mL、4.00 mL、6.00 mL、8.00 mL 和 10.00 mL 于 50 mL 容量瓶中,用蒸馏水稀释定容。得到浓度分别为 1.0 μg/mL、2.0 μg/mL、4.0 μg/mL、6.0 μg/mL、8.0 μg/mL 和 10.0 μg/mL 的苯甲酸钠系列溶液。摇匀后分别在最大吸收波长处测定吸光度,然后以浓度为横坐标、吸光度为纵坐标绘制工作曲线。

活动二 未知物的定量分析

根据未知液吸收曲线上最大波长处的吸光度,确定未知液的稀释倍数和准确移取体积(保证稀释后待测溶液的吸光度在 0.5 左右)。准确移取 5 mL 苯甲酸未知液,置于 50 mL 容量瓶中定容,摇匀后备用。在最大吸收波长处,以蒸馏水参比液,测定溶液的吸光度。平行测定三次。

活动三 数据处理

(1)利用仪器配套的工作站软件分别得到吸收光谱曲线和标准工作曲线;
(2)从标准工作曲线中查找未知液含量;
(3)计算试样的原始浓度。

$$试样的原始浓度 \, \rho_x \, (\mu g/mL) = \frac{试样中未知物含量 X(\mu g)}{试液体积 V(mL)} \qquad (1\text{-}3)$$

任务四 实验过程和结果评价

紫外分光光度法测定苯甲酸含量实验评分如表 1-8 所示:

表 1-8 实验评分

操作项目	不规范操作项目名称	小组互评			教师评价
		是	否	扣分	
操作技能 (每项 4 分, 共 20 分)	标准储备溶液和标准工作溶液的配制				
	开机和关机操作				
	正确记录数据和正确绘制吸收光谱曲线				
	正确记录数据和正确绘制吸收工作曲线				
	显色反应条件的选择(显色剂、酸度和还原剂)				
仪器使用与维护 (每项 10 分, 共 30 分)	正确认识和使用光源、单色器、光电管				
	正确使用比色管、吸收池				
	正确使用容量瓶、移液管和其他玻璃仪器				
数据结果处理 (每项 10 分, 共 40 分)	吸收曲线绘制光滑、峰值突出				
	工作曲线线性（$R=0.999 \sim 1$）				
	吸收曲线 λ_{max}				
	工作曲线相对误差<1				

续表

操作项目	不规范操作项目名称	小组互评			教师评价
		是	否	扣分	
安全与其他（每项2分，共10分）	合理支配时间 合理处理废液 正确记录原始数据 正确处理实验数据 按时完成实验报告				
总　分					

项目五　紫外分光光度法测定未知物含量（定性和定量分析）

任务驱动

未知物的定性和定量分析是分析化学中难度较大的测定。紫外分光光度法是基于物质对紫外线的选择性吸收来进行物质的定性分析，过程中会有其他物质的干扰，所以本实验用纯物质对照定性，即未知物是单组分；组分含量测定也是单组分含量测定。比如，用未知物吸收光谱曲线与已知纯物质吸收光谱曲线对照定性，然后用工作曲线法定量。本实验属于验证性的未知物定性和定量分析。

培养目标

（1）进一步理解朗伯-比尔定律；
（2）掌握紫外吸收曲线的测定与绘制方法；
（3）学会工作曲线定量方法；
（4）掌握紫外分光光度计的使用方法；
（5）熟练掌握用工作曲线法处理分析结果。

任务一　实验准备和试剂配制

准备仪器

UV-1801、1601型紫外-可见分光光度计；
容量瓶 50 mL（10只），100 mL（1只）；
吸量管 10 mL（2支），5 mL（1支）；
移液管 20 mL、25 mL、50 mL 各 1 支。

准备试剂

（1）标准贮备溶液（1.00 mg/mL）：水杨酸（2.00 mg/mL）、苯甲酸、邻二氮菲、山梨酸、维生素 C。

（2）未知液：浓度为 40~60 μg/mL（其必为给出已知五种标准谱图中的物质之一）。

任务二　未知物的定性分析

活动一　比色皿配套性检查

石英比色皿装蒸馏水，以一只比色皿为参比，在测定波长下调节透射比为 100%，测定其余比色皿的透射比，其偏差应小于 0.5%，可配成一套使用。

活动二　未知物的定性分析

将未知溶液稀释成 10 μg/mL 的试液（配制方法自定）。以蒸馏水为参比，于波长 200~350 nm 范围内扫描溶液，绘制吸收曲线，根据所得到的吸收曲线对照标准谱图，确定被测物质的名称，并依据吸收曲线确定测定波长 λ_{max}。

四种标准物质溶液的吸收曲线参考图（图 1-6、图 1-7、图 1-8、图 1-9）。

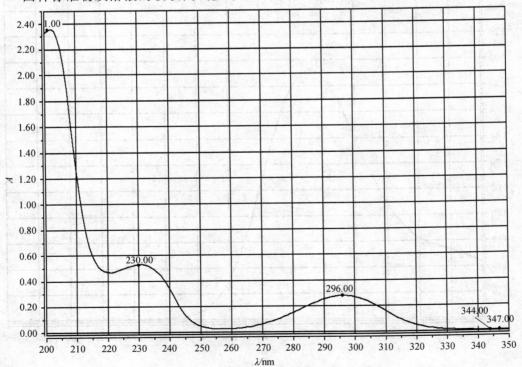

图 1-6　水杨酸吸收曲线

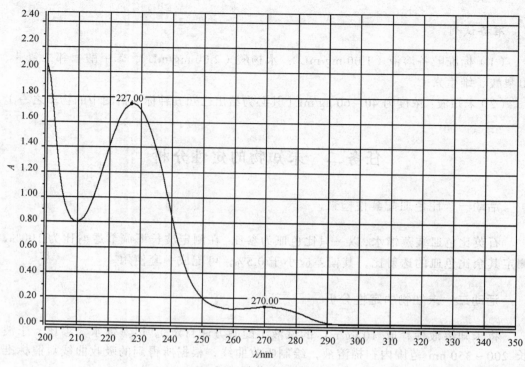

图 1-7 苯甲酸吸收曲线

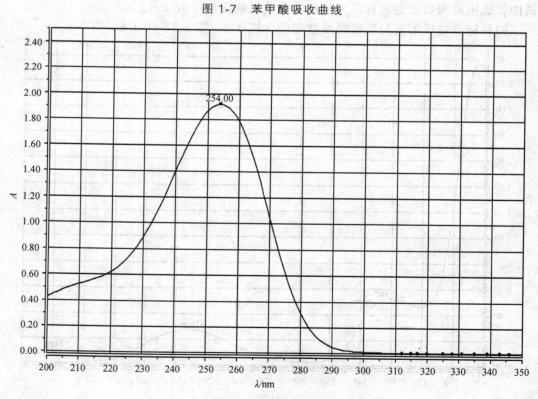

图 1-8 山梨酸吸收曲线

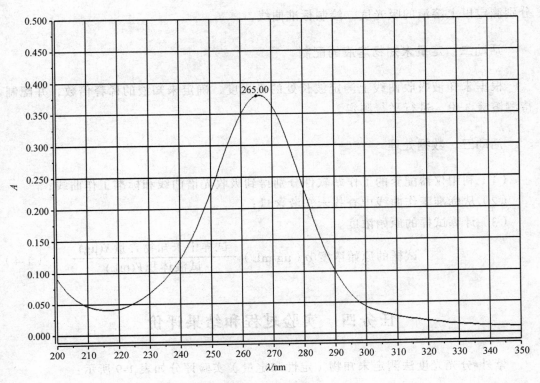

图 1-9 维 C 吸收曲线

任务三 未知物定量分析

活动一 标准工作曲线的绘制方法（部分）

1. 苯甲酸含量的测定

准确吸取 1.00 mg/mL 的苯甲酸标准储备液 5.00 mL，在 100 mL 容量瓶中定容（此溶液的浓度为 50.0 μg/mL）。再分别准确移取 1.00 mL、2.00 mL、4.00 mL、6.00 mL、8.00 mL、10.00 mL 上述溶液，在 50 mL 容量瓶中定容（浓度分别为 1.0 μg/mL、2.0 μg/mL、4.0 μg/mL、6.0 μg/mL、8.0 μg/mL、10.0 ug/mL）。于最大吸收波长处分别测定以上溶液的吸光度。绘制标准曲线。

2. 水杨酸含量的测定

准确吸取 2.00 mg/mL 的水杨酸标准储备液 5.00 mL，在 100 mL 容量瓶中定容（此溶液的浓度为 100.0 μg/mL）。再分别准确移取 1.00 mL、2.00 mL、4.00 mL、6.00 mL、8.00 mL、10.00 mL 上述溶液，在 50 mL 容量瓶中定容，（浓度分别为 2.0 μg/mL、4.0 μg/mL、8.0 μg/mL、12.0 μg/mL、16.0 μg/mL、20.0 μg/mL）。于最大吸收波长处

分别测定以上溶液的吸光度。绘制标准曲线。

活动二　定量未知物溶液的配制

根据未知液吸收曲线上测定波长处的吸光度，确定未知液的稀释倍数，并配制待测溶液 3 份，进行平行测定。

活动三　数据处理

（1）利用仪器配套的工作站软件分别得到吸收光谱曲线和标准工作曲线；
（2）从标准工作曲线中查找未知液含量；
（3）计算试样的原始浓度。

$$\text{试样的原始浓度 } \rho_x\ (\mu g/mL) = \frac{\text{试样中未知物含量} X(\mu g)}{\text{试液体积} V(mL)} \qquad (1\text{-}4)$$

任务四　实验过程和结果评价

紫外-分光光度法测定未知物（定性和定量）实验评分如表 1-9 所示：

表 1-9　实验评分

操作要求	鉴定范围	鉴定内容	分值	得分	鉴定比例
操作技能	基本操作技能	标准贮备溶液和标准工作溶液的配制	3		10%
		开机、关机操作	2		
		光度测量操作（最大吸收波长的选择、吸光度测量方法）	1		
		正确记录数据和正确绘制工作曲线以及工作曲线的正确使用	2		
		数据的正确处理	1		
仪器使用与维护	设备的使用与维护	正确认识使用光源	5		20%
		正确认识使用单色器	5		
		正确认识使用光电管	2		
	玻璃仪器的使用与维护	正确使用容量瓶、吸收池	5		
		正确使用烧杯、滴管、容量瓶、移液管、玻璃棒等	3		
数据结果处理	定性结果	未知物判断正确，未知溶液配制正确	20		20%
	工作曲线线性（R 值）	0.999~1（包括 0.999）	20		40%
		0.99~0.999	10		
		<0.99	0		

续表

操作要求	鉴定范围	鉴定内容	分值	得分	鉴定比例
数据结果处理	测定结果准确度%	相对误差<1	20		
		相对误差<5	10		
		相对误差≥5	0		
安全与其他	合理支配时间 保持整洁、有序的工作环境 合理处理、排放废液 安全用电 正确记录原始数据 按时完成实验报告，并整洁有序		10		10%

■ 知识拓展

紫外分光光度法

紫外分光光度法是基于物质对紫外线的选择性吸收来进行分析的测定方法。根据电磁波谱，紫外光区的波长是 10～400 nm，紫外分光光度法主要是利用 200～400 nm 的近紫外光的辐射（200 nm 以下远紫外线辐射会被空气强烈吸附，不变采用）进行测定。紫外吸收光谱可用于物质的定性分析和定量分析。

1. 定性分析

（1）未知化合物的定性鉴定

每一种化合物都有自己的特征光谱。测出未知物的吸收光谱，原则上可以对该物作出定性鉴定，但对于复杂化合物的定性分析有一定困难。在相同的实验条件（仪器、溶剂）下，将未知物的紫外光谱与标准物质的紫外光谱进行比较，若两者谱图相同，则可认为含有相同的生色团，但不一定是相同的物质。如没有标准物，则可借助各种有机化合物的紫外可见标准谱图即有关电子光谱的文献资料进行比较，最常用的谱图资料是萨特勒标准谱图及手册。

（2）纯度的鉴定

紫外吸收光谱能检查化合物中是否含有具有紫外吸收的杂质。如果化合物在紫外光区没有明显的吸收峰，而它所含的杂质在紫外光区有较强的吸收，就可以检查出该化合物所含的杂质。例如要检查乙醇中的杂质苯，由于苯在 256 nm 处有吸收，而乙醇在此波长下无吸收，因此可利用这个特征检测乙醇中的杂质苯。又如要检测四氯化碳中有无二硫化碳杂质，只要观察在 318 nm 处有无二硫化碳的吸收峰就可以确定。

2. 定量分析

紫外分光光度定量分析与可见分光光度定量分析的依据和定量方法相同，分析的依据都是朗伯-比尔定律。紫外吸收光谱的内容相当丰富，可查阅相关专著。

 阅读材料

紫外-可见分光光度法（UV-Vis 法）作为一项分析技术，具有设备简单、适用性广、准确度和精密度高等特点。因此在有机化学、生物化学、食品检验、医疗卫生、环境保护、肿瘤诊断、生命科学等各个领域和科研生产工作中都已得到了广泛的应用。比如由于许多药物结构中具有吸收紫外或可见光的基团，或这些基团能与某些试剂、离子等发生颜色反应，从而很容易被检测，因此紫外-可见分光光度法在药物分析中得到了普遍应用。

紫外-可见分光光度法对于分析人员来说，可以说是最有用的工具之一，几乎每一个分析实验室都离不开紫外-可见分光光度计。紫外-可见分光光度计是一类很重要的分析仪器，随着分类元器件及分光技术、检测器件与检测技术、大规模集成制造技术等的发展，以及单片机、微处理器、计算机和 DSP 技术的广泛应用，分光光度计的性能指标不断提高，并向自动化、智能化、高度化和小型化等方向发展。

目标检测

一、选择题

1. 可做紫外分光光度计光源的是（　　）
   A. 钨灯 　　　　　　　　　　　　B. 氘灯
   C. 卤钨灯 　　　　　　　　　　　D. 能斯特灯

2. 紫外-可见分光光度法常用的定量分析方法有（　　）
   A. 间接滴定法 　　　　　　　　　B. 标准曲线法
   D. 直接电位法 　　　　　　　　　E. 吸光系数法

3. 符合比尔定律的溶液稀释时，其浓度、吸光度和最大吸收波长的关系为（　　）
   A. 减小，减小，减小 　　　　　　B. 减小，减小，不变
   C. 减小，不变，减小 　　　　　　D. 减小，不变，增加

4. 在紫外-可见分光光度法中，影响吸光系数的因素是（　　）
   A. 溶剂的种类和性质 　　　　　　B. 溶液的物质量浓度
   D. 吸收池大小 　　　　　　　　　D. 物质的本性和光的波长

5. 不能用做紫外-可见光谱法定性分析参数的是（　　）
   A. 最大吸收波长 　　　　　　　　B. 吸光度
   C. 吸收光谱的形状 　　　　　　　D. 吸收峰的数目

二、填空题

1. 紫外-可见分光光度计的主要部件包括_____、_____、_____、_____和_____五个部分。

2. 在光度分析中，常因波长范围不同而选用不同材料制作的吸收池。可见分光

光度法中选用_____吸收池；紫外分光光度法中选用_____吸收池。

三、问答题

1. 紫外分光光度测定苯甲酸的含量实验中，能否用普通光学玻璃比色皿进行测定？为什么？

2. 配制试样溶液的浓度大小，对吸光度测量值有何影响？在实验中如何调整？

3. 紫外分光光度测定苯甲酸的含量实验中定性的依据是什么？定量方法是什么？

4. 一般情况下试样溶液的吸光度控制在多少左右？

5. 如何提高工作曲线的线性相关系数和实验结果的准确度。

项目六 紫外分光光度法测定三氯苯酚中的苯酚含量

任务驱动

分光光度法测定多组分混合物中某一组分含量时，可利用双波长等吸收光度测量法达到目的。干扰组分等吸光度法要求干扰组分在选择的两个波长处吸光度相等，这样就有 $\Delta A_{干扰} = A_{\lambda 1} - A_{\lambda 2} = 0$，同时待测组分在两个波长处的 ΔA 要大，$\Delta A = A_{\lambda 1}^{待测} - A_{\lambda 2}^{待测} = (\alpha_{\lambda 1}^{待测} - \alpha_{\lambda 2}^{待测}) b \rho_{待测}$。可见，待测物质的含量 $\rho_{待测}$ 与吸光度的差值 ΔA 成线性关系，因此可用标准曲线法对待测物质定量。比如用紫外分光光度法测定三氯苯酚中苯酚的含量。

培养目标

（1）掌握双波长分光光度法波长选择的原则；

（2）掌握等吸收法消除干扰的原理和方法

（3）掌握紫外分光光度计的结构和操作

（4）熟练掌握用工作曲线法处理分析结果。

任务一 实验准备和试剂配制

 准备仪器

紫外分光光度计（TU-1810 型），配石英吸收池（1 cm）2 个；

容量瓶（50 mL）10 个，容量瓶（100 mL）1 个；

吸量管（1 mL、2 mL、5 mL、10 mL）：各 1 支；

移液管（15 mL、20 mL、25 mL）：各 1 支。

 准备试剂

（1）标准使用溶液：苯酚水溶液 0.250 g/L；2, 4, 6-三氯苯酚水溶液 0.10 g/L。

（2）待测试样：苯酚和三氯苯酚混合试样。

任务二　未知物的定性分析

活动一　吸收池配套性检查

石英吸收池装蒸馏水，以一只吸收池为参比，在测定波长下调节透射比为 100%，测定其余吸收池的透射比，其偏差应不大于 0.5%，可配成一套使用。

活动二　未知物的定性分析

吸取三氯苯酚标准使用溶液约 10 mL 稀释成约 50 mL 水溶液，浓度大约为 20.0 mg/L。以蒸馏水作为空白参比，分别对 20.0 mg/L 的三氯苯酚和 30.0 mg/L 的苯酚在 220～350 nm 波长范围进行光谱扫描测绘它们的吸收光谱。在同一张纸上打印吸收光谱曲线或在电子表格中绘制图表，然后选择合适的 λ_1 及 λ_2，λ_1 选在苯酚最大吸收波长附近，作为测量波长。在选择的三氯苯酚等吸收波长 λ_2 处，再用三氯苯酚溶液复测其吸光度是否相等。

任务三　工作曲线法定量分析

活动一　标准系列工作溶液的配制

取 5 只 50 mL 容量瓶，分别准确加入 2.00 mL，4.00 mL，6.00 mL，8.00 mL，10.00 mL 的苯酚标准使用溶液，用蒸馏水稀释、定容，摇匀。

活动二　苯酚水溶液的标准工作曲线测绘

在所选择的测定波长 λ_1 及参比波长 λ_2（也称基线波长）处，用蒸馏水作为参比溶液，分别测定苯酚系列标准工作溶液的吸光度，得到两者的差值绘制标准工作曲线。

活动三　待测试样测定

在与上述测定标准曲线相同的条件下，取试样（必要时，适当稀释）在 λ_1、λ_2

两个波长下测量的吸光度的差值，在标准工作曲线上查出苯酚的含量。平行测定三次。

活动四 数据记录和处理

根据未知液的稀释倍数，可求出原始样品溶液的浓度。

1. 试样原始浓度计算公式

试样若稀释，按此公式计算含量。

$$\rho_{试样}(\mu g / mL) = \frac{m_{测试样}(\mu g)}{V_{取试样}(mL)}$$

2. 标准工作曲线的绘制记录（表1-10）

表1-10 原始记录（1）

标准溶液体积/mL	2	4	6	8	10
含量/μg					
吸光度（ΔA）					

3. 未知样的测定记录（表1-11）

表1-11 原始记录（2）

待测溶液编号	1	2	3
吸光度 ΔA			
含量/μg			
平均含量/μg			
相对极差			

任务四 实验过程和结果评价

紫外分光光度法测定未知物（定性和定量）实验评分如表1-12所示：

表1-12 结果评价

操作要求	鉴定范围	鉴定内容	分值	得分	鉴定比例
操作技能	基本操作技能	标准贮备溶液和标准工作溶液的配制	3		10%
		开机、关机操作	2		
		光度测量操作（最大吸收波长的选择、吸光度测量方法）	1		
		正确记录数据和正确绘制工作曲线以及工作曲线的正确使用	2		
		数据的正确处理	1		

操作要求	鉴定范围	鉴定内容	分值	得分	鉴定比例
仪器使用与维护	设备的使用与维护	正确认识使用光源	5		20%
		正确认识使用单色器	5		
		正确认识使用光电管	2		
	玻璃仪器的使用与维护	正确使用容量瓶、吸收池	5		
		正确使用烧杯、滴管、容量瓶、移液管、玻璃棒等	3		
数据结果处理	定性结果	未知物判断正确，未知溶液配制正确	20		20%
	工作曲线线性（R值）	0.999~1（包括0.999）	20		40%
		0.99~0.999	10		
		<0.99	0		
	测定结果准确度/%	相对误差<1	20		
		相对误差<5	10		
		相对误差≥5	0		
安全与其他	合理支配时间 保持整洁、有序的工作环境 合理处理、排放废液 安全用电 正确记录原始数据 按时完成实验报告，并整洁有序		10		10%

■ 知识拓展

双波长分光光度法

在多组分溶液中，在某一波长下，如果各种对光有吸收的物质之间没有相互作用，则体系在该波长下的吸光度具有加和性：

$$A = \sum_{i=1}^{n} A_i \qquad (1-5)$$

当两组分吸收峰大部分重叠时，则用双波长法建立的吸光度方程组确定二组分的含量。双波长分光光度法的特点是不用参比溶液，只用一个待测试液；不仅能测定高浓度试样和多组分试样，还能测定浑浊溶液；在测定相互打扰的混合试样时，不仅操作简单，而且精确度高。

当吸收光谱重叠的 a、b 两组分共存时，若要消除 a 组分的干扰测定 b 组分，可在 a 组分的吸收光谱上选择两个吸收度相等的两波长 λ_1 和 λ_2，测定混合物的吸光度差值。然后根据 ΔA 值计算 b 的含量。

目标检测

1. 双波长分光光度法测定混合组分有何优点？
2. 应用双波长分光光度法应如何选择测定波长和参比波长？
3. 等吸收法对两个组分的吸收光谱曲线有何要求？
4. 干扰物等吸收波长怎样选择？
5. 如需测定未知试样溶液中苯酚及三氯苯酚两组分的含量，应如何设计实验？测量波长要如何选择？

项目七　食品中亚硝酸盐含量的测定

任务驱动

　　紫外-可见分光光度法可以测定食品中很多物质的含量，像蛋白质、亚硝酸盐等。测定亚硝酸盐时，样品经沉淀蛋白质、除去脂肪后，在弱酸性条件下，亚硝酸盐与对氨基苯磺酸重氮化，产生重氮盐，此重氮盐再与偶合试剂（盐酸萘乙二胺）偶合形成紫红色染料，于波长 538 nm 处测定其吸光度后，可与标准比较定量。

培养目标

（1）掌握样品制备、提取的基本操作技能。
（2）掌握分光光度计的使用。
（3）掌握比色法测定食品中亚硝酸盐的原理与方法。
（4）了解食品中亚硝酸盐含量的卫生标准。

任务一　实验准备和试剂配制

活动一　准备仪器与试剂

准备仪器

　　小型粉碎机（或匀浆机），721G 分光光度计，水浴锅，电子天平，电炉、温度计，容量瓶（250 mL）、比色管（50 mL）、比色管架，吸管，漏斗，三角烧瓶，烧杯等。

准备试剂

（1）亚铁氰化钾溶液：称取 106 g 亚铁氰化钾[$K_4Fe(CN)_6 \cdot 3H_2O$]，溶于水后，稀释至 1 000 mL。

（2）乙酸锌溶液：称取 220 g 乙酸锌[$Zn(CH_3COO)_2 \cdot 2H_2O$]，加 30 mL 冰乙酸溶于水，并稀释至 1 000 mL。

（3）硼砂饱和溶液：称取 5 g 硼酸钠（$Na_2B_4O_7 \cdot 10H_2O$），溶于 100 mL 热水中，冷却后备用。

（4）0.4%对氨基苯磺酸溶液：称取 0.4 g 对氨基苯磺酸，溶于 100 mL 20 %的盐酸中，避光保存。

（5）0.2%盐酸萘乙二胺溶液：称取 0.2 g 盐酸萘乙胺，溶于 100 mL 水中，避光保存。

（6）亚硝酸钠标准溶液：精密称取 0.050 0 g 于硅胶干燥器中干燥 24 h 的亚硝酸钠，加水溶解让顾客移入 250 mL 容量瓶中，并稀释至刻度。此溶液每毫升含 200 μg 亚硝酸钠。

（7）亚硝酸钠标准使用液：临用前，吸取亚硝酸钠标准溶液 2.50 mL，置于 100 mL 容量瓶中，加水稀释至刻度。此溶液每毫升含 5 μg 亚硝酸钠。

活动二　样品制备

（1）配制 5 μg/mL 亚硝酸钠（$NaNO_2$）溶液。

（2）称取 100 g 火腿肠加入 100 mL 水于匀浆机中捣碎，均匀。精确称取 10 g 处理好的样品匀浆于小烧杯中。（或称取 5 g 火腿肠，加入 10 mL 水，匀浆机中捣碎，洗入小烧杯中）。

（3）向装有样品的小烧杯中，加入 12.5 mL 硼砂饱和溶液，搅拌均匀，用 150 mL 热水（70 ℃）洗入 250 mL 容量瓶中，80 ℃ 水浴 20 min，取出。

（4）冷却至室温后，加入 5 mL 亚铁氰化钾溶液，摇匀；再加入 5 mL 乙酸锌溶液，充分振摇混匀，以沉淀蛋白质。

（5）加水至刻度，摇匀，放置半小时，除去上层脂肪，过滤，弃初滤液 30 mL，其余滤液备用。

任务二　标准曲线绘制与样品测定

活动一　标准曲线绘制与样品测定

（1）准确吸取 $NaNO_2$ 标准溶液 0.00 mL、0.2 mL、0.4 mL、0.6 mL、0.8 mL、1.0 mL、1.5 mL、2.0 mL 于 50 mL 比色管中，加入 2 mL 对氨基苯磺酸钠溶液，混匀，静置 3～

5 min 后；各加入 1 mL 盐酸萘乙二胺溶液，加水至刻度混匀，然后再静置 15 min；用 1 cm 比色皿，以第一支比色管试剂溶液作为参比溶液，于波长 538 nm 处，测定吸光度 A 值。

（2）取 40 mL 样液于 50 mL 比色管中，加入 2 mL 对氨基苯磺酸钠溶液，混匀，静置 3～5 min 后，各加入 1 mL 盐酸萘乙二胺溶液，加水至刻度混匀，然后再静置 15 min；用 1 cm 比色皿，以第一支比色管试剂溶液作为参比溶液，于波长 538 nm 处，测定吸光度 A 值。

注　意

（1）加硼砂做缓冲溶液调节 pH 呈碱性；
（2）加入亚铁氰化钾和乙酸锌溶液后都要充分振摇。

活动二　实验结果记录和计算

（1）标准工作曲线的绘制记录如表 1-13 所示：

表 1-13　原始记录（1）

NaNO$_2$ 标准溶液体积/mL	0.00	0.20	0.40	0.60	0.80	1.00	1.5	2.0
NaNO$_2$ 含量/μg	0.00	1.0	2.0	3.0	4.0	5.0	7.5	10.0
吸光度（A）								

（2）未知样的测定记录如表 1-14 所示：

表 1-14　原始记录（2）

未知原始溶液的体积/mL	40.00	40.00	40.00
吸光度（A）			
未知溶液中 NaNO$_2$ 含量/μg			

（3）标准曲线制绘制。

（4）结果计算。

$$X = \frac{A \times 1000}{m \times \dfrac{V_2}{V_1} \times 1000} \tag{1-6}$$

式中　X——样品中亚硝酸盐的含量，mg/kg；

　　　m——样品质量，g；

A——测定用样液中亚硝酸盐的含量，μg；

V_1——样品处理液总体积，mL；

V_2——测定用样液体积，mL。

📖 知识拓展

硝酸盐和亚硝酸盐广泛存在于人类环境中，是自然界中最普遍的含氮化合物。亚硝酸钠为白色结晶或粉末，外观性状与食用盐相似，口味与食用盐相差不大，多存在于腌制的咸菜、肉类、不洁井水和变质腐败蔬菜中。亚硝酸盐引起食物中毒的概率较高，食入 0.3~0.5 g 亚硝酸盐即可引起中毒，3 g 导致死亡。

如隔夜的蔬菜中，亚硝酸盐的含量会明显增高。刚腌不久的蔬菜（暴腌菜）含有大量亚硝酸盐，尤其是加盐量少于 12%、气温高于 20 ℃ 的情况下，可使菜中亚硝酸盐含量增加，第 7~8 天达高峰，一般于腌后 20 天降至最低。

肉类制品中亚硝酸盐允许作为发色剂限量使用，具有增强肉制品色泽的作用；加硝酸盐还具有改善风味、提高肉品的防腐能力等功效，但用量应严格按国家卫生标准的规定，不可多加。因为亚硝酸盐在一定条件下可以转化为亚硝胺，而亚硝胺是强致癌物质。

部分食品中亚硝酸盐的限量标准（以 $NaNO_2$ 计），mg/kg：

食盐（精盐）、牛乳粉 ≤2

香肠（腊肠）香肚、酱腌菜、广式腊肉 ≤20

鲜肉类、鲜鱼类、粮食 ≤3

肉制品、火腿肠、灌肠类 ≤30

蔬菜 ≤4

其他肉类罐头、其他腌制罐头 ≤50

婴儿配方乳粉、鲜蛋类 ≤5

西式蒸煮、烟熏火腿及罐头、西式火腿罐头 ≤70

🖩 目标检测

1. 亚硝酸盐的提取剂是什么？

2. 讨论影响实验结果准确性的因素有哪些？

模块二 原子吸收分光光度法

项目一 火焰原子吸收光谱法测定水样中的镁

任务驱动

原子吸收分光光度计广泛用于地质、冶金、环保、食品、农业、卫生防疫、工业、疾病控制等部门。这种仪器用于食品、水、化妆品、生物材料、土壤等样品中的铜、铁、锌、钙、铅等 70 余种金属和类金属元素的定量分析。

培养目标

（1）了解原子吸收分光光度计的测定对象、仪器原理及仪器结构；

（2）掌握原子吸收分光光度计上机操作规程（火焰原子吸收法）；

（3）掌握标准曲线法在原子吸收定量分析中的应用。

任务一 实验准备和试剂配制

 准备仪器

原子吸收分光光度计（WFX-100）；

镁元素空心阴极灯；

容量瓶 50 mL）9 只；

吸量管（5 mL）2 只。

 准备试剂

（1）1.000 mg/mL 镁原始贮备液：准确称取于 800 ℃ 灼烧至质量恒定的氧化镁（AR）1.658 3 g，加入 6 mol/L HCl 至完全溶解，移入 1 000 mL 容量瓶中，用去离子水稀释至刻度，摇匀，此溶液中含镁 1.000 mg/mL。

（2）50.00 μg/mL 镁标准使用溶液：准确移取上述贮备液 2.5 mL 于 50 mL 容量

瓶中，用去离子水稀释至刻度，摇匀，此溶液中含镁 50 μg/mL。

（3）10 mg/mL SrCl₂ 溶液：称取 30.4 g SrCl₂·6H₂O 溶于少量去离子水中，再用去离子水稀释至 100 mL。

任务二　标准工作曲线绘制

活动一　检测仪器并开机

火焰原子吸收分光光度计气路检查后，按照表 2-1 操作条件开机。

表 2-1　原子吸收光谱仪操作条件

项目	建议条件
分析线	285.2 nm
灯电流	3 mA
狭缝宽度	0.4 nm
火焰类型	乙炔-空气
燃烧比	1:4
燃烧器高度	手动调节

活动二　标准溶液的配制和吸光度测定

（1）取 5 只 50 mL 容量瓶，分别加入 1.00 mL、2.00 mL、3.00 mL、4.00 mL、5.00 mL 标准使用溶液（浓度为 50 μg/mL），然后用去离子水稀释至刻度，摇匀。

（2）吸光度测定

待仪器稳定后，用去离子水作为空白喷雾调零，分别测定各标准溶液的吸光度。

活动三　记录与处理实验数据

1. 记录数据

记录仪器操作条件和实验数据，填入表 2-2 和表 2-3：

表 2-2　仪器操作条件记录

分析者：_____　班级：_____　学号：_____　分析日期：____年____月____日

项目	实验记录
样品名称	
仪器名称	
仪器型号	
分析线	
灯电流	

续表

项目	实验记录
狭缝宽度	
火焰类型	
燃烧比	
燃烧器高度	

表 2-3　实验数据记录

镁标准溶液体积/mL	1.00	2.00	3.00	4.00	5.00
含镁量/μg					
吸光度（A）					

2. 数据处理

以标准溶液的浓度为横坐标，吸光度为纵坐标绘制镁的标准曲线。

任务三　试样的测定

活动一　未知试样的配制

取 3 只 50 mL 容量瓶分别加入 5.00 mL 待测水样，再各加入 2.0 mL SrCl₂ 溶液，然后用去离子水稀释至刻度，摇匀。在与标准曲线相同的条件下测未知溶液的吸光度。

活动二　记录与处理实验数据

1. 实验数据记录（表 2-4）

表 2-4　实验数据原始记录

未知原始溶液的体积/mL	5.00	5.00	5.00
吸光度（A）			
未知溶液的浓度 ρ_x（μg/mL）			

2. 数据处理及计算结果

根据待测水样的吸光度从标准曲线上查的相应的含镁量 ρ_x，计算待测水样的原始浓度。同时进行工作站使用和数据处理。

$$试样的原始浓度 \rho_x(\mu g/mL) = \frac{\rho_x \times V_x}{移取试液体积 V(mL)} \tag{2-1}$$

活动三　火焰原子吸收分光光度计关机

先关闭乙炔气体，待火焰熄灭后，尝试再次点火让管道内余气排净后，关闭主机电源，最后关闭空气压缩机，待压力表回零后，旋松减压阀阀柄。及时填写仪器使用记录，做好实验室整理和清洁工作，并进行安全检查后，才可以离开实验室。

活动四　实验过程和结果评价

实验过程、结果评分按照表 2-5 所示：

表 2-5　过程和结果评价

操作要求	鉴定范围	鉴定内容	分值	得分	鉴定比例
操作技能	基本操作技能	标准贮备溶液和标准工作溶液的配制	3		20%
		开机、关机操作	2		
		光度测量操作（最佳测量吸收线选择、吸光度测量方法）	5		
		正确记录数据和正确绘制工作曲线以及工作曲线的正确使用	7		
		数据的正确处理	3		
仪器使用与维护	设备的使用与维护	正确认识使用光源	5		30%
		正确认识使用单色器	5		
		正确认识使用光电管	5		
	玻璃仪器的使用与维护	正确使用容量瓶，正确喷样	10		
		正确使用烧杯、滴管、移液管、玻璃棒等	5		
数据结果处理	工作曲线线性（R 值）	0.999～1（包括 0.999）	20		40%
		0.99～0.999（包括 0.99）	15		
		0.9～0.99（包括 0.9）	10		
		＜0.9	0		
	测定结果准确度/%	相对误差≤1	20		
		1＜相对误差≤5	10		
		相对误差＞5	0		
安全与其他		合理支配时间 保持整洁、有序的工作环境 合理处理、排放废液 安全用电 正确记录原始数据 按时完成实验报告，并整洁有序	10		10%

知识拓展

原子吸收分光光度计的测定对象、仪器原理及仪器结构

一、测定对象

原子吸收分光光度计主要用于是测定试样中的金属和类金属元素及含量。可测定的元素如图 2-1 元素周期表所示。

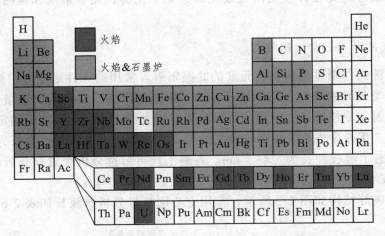

图 2-1　周期表中原子吸收分光光度计可检测元素

二、原子吸收分光光度计原理

原子吸收分光光度计的基本原理是：从光源发射出的具有待测元素的特征谱线的光，通过试样蒸气时，被蒸气中待测元素的基态原子所吸收，由发射光被减弱的程度来求得待测元素组分含量。

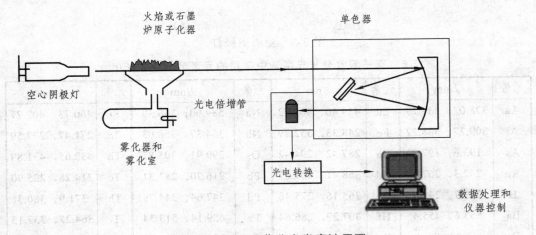

图 2-2　原子吸收分光光度计原理

试样通过负压吸入原子吸收分光光度计雾化器中，被测元素经过喷雾形成气溶

胶后，在高温火焰下经过蒸发、干燥、脱水、离解产生被测元素的基态自由原子。然后被测元素基态原子吸收特定波长锐线光源空心阴极灯发射的光能量进入到激发态，随着光路中试样原子数目的增加，吸收光的量也会同时增加，通过测量被吸收光的吸光度，我们可以定量分析试样元素的含量。其原理如图 2-2 所示。

三、原子吸收分光光度计的组成

原子吸收分光光度计主要由锐线光源、原子化器、光学系统和检测系统等部分组成。

1. 锐线光源——空心阴极灯

锐线光源的作用是发射待测元素的共振辐射。常用的元件是空心阴极灯。

不同种类的元素具有不同的原子结构，由基态至激发态所需的能量也不同，吸收光的光辐射频率或波长也不同。所以使用特定光源，选择合适波长测定待测元素，使基态原子产生激发态，吸收特定波长的光。如钠 Na（基态）吸收波长为 589.0 nm、镁 Mg（基态）吸收波长为 285.2 nm。若遇干扰可另选分析线或双分析线校正，如 Na 330.3 nm。

空心阴极灯结构如图 2-3 所示，常用空心阴极灯分析线波长如表 2-6 所示。

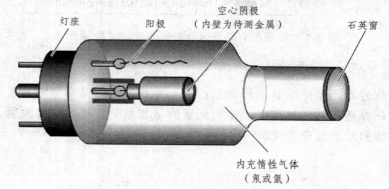

图 2-3　空心阴极灯

表 2-6　原子吸收分光光度法中常用的元素分析线波长/nm

元素	λ/nm	元素	λ/nm	元素	λ/nm	元素	λ/nm
Ag	328.07，338.29	Eu	459.40，462.72	Na	589.00，330.30	Sr	460.73，407.77
Al	309.27，308.22	Fe	248.33，352.29	Nb	334.37，358.03	Ta	271.47，277.59
As	193.6，197.2	Ga	287.42，294.42	Os	290.91，305.87	Tb	432.65，431.89
Au	242.3，267.6	Gd	368.41，407.87	Pb	216.70，283.31	Te	214.28，225.90
B	249.7，249.8	Ge	265.16，275.46	Pd	247.64，244.79	Th	371.9，380.3
Ba	553.6，455.4	Hf	307.29，286.64	Pr	459.14，513.34	Ti	364.27，337.15
Be	234.9	Hg	253.65	Pt	265.95，306.47	Tl	276.79，377.58
Bi	223.06，222.83	Ho	410.38，405.39	Rb	780.02，794.76	Tm	409.4

续表

元素	λ/nm	元素	λ/nm	元素	λ/nm	元素	λ/nm
Ca	422.7，239.9	In	303.94，325.61	Re	346.05，346.47	U	351.46，358.49
Cd	228.8，326.1	Ir	209.26，208.88	Rh	343.49，339.69	V	318.4，385.58
Ce	520.0，369.7	K	766.49，769.90	Ru	349.89，372.80	W	255.14，294.74
Co	240.7，242.5	La	550.13，418.73	Sb	217.58，206.83	Y	410.24，412.83
Cr	357.9，359.4	Li	670.78，323.26	Sc	391.18，402.04	Yb	398.8，346.44
CS	852.11，455.54	Lu	335.96，328.17	Se	196.09，703.99	Zn	213.86，307.59
Cu	324.8，327.4	Mg	285.21，279.55	Si	251.61，250.69	Zr	360.12，301.18
Dy	421.17，404.60	Mn	279.48，403.68	Sm	429.67，520.06	Nd	463.42，471.90
Er	400.80，415.11	Mo	313.26，317.04	Sn	224.61，286.33	Ni	232.00，341.48

注　意

（1）灯电源必须稳定，测试前应对灯预热 5～20 min。

（2）灯电流应大小适当，不能超过"最大灯电流"指标。灯电流选
择，在保证有足够强度而且稳定的光强度输出条件下，尽量使
用较低灯电流，延长空心阴极灯的使用寿命。

（3）空心阴极灯长期不用应该定期点亮半小时，工作电流最好在最
大电流的 $\frac{1}{3}\sim\frac{2}{3}$。空心阴极灯的更换应该在没有点燃时插拔，
对易挥发的灯如钠灯应在熄灭一定时间后插拔。

2. 原子化器

试样通过喷雾器（图 2-4）喷雾形成分散雾滴，雾滴细小而均匀地形成气溶胶，
试液雾化后进入燃烧室（图 2-5）与燃气混合使试液蒸发、干燥、脱水、离解形成基
态原子蒸汽即原子化。火焰温度：2 100～2 400 ℃。

火焰原子化系统主要由雾化器、雾化室和燃烧器组成。燃烧气通常使用乙炔气
（燃烧气）（图 2-6）和空气（助燃气）组合。根据用途不同也有使用其他气体组合，
如空气（图 2-7）-煤气、笑气-乙炔、氧气-氢气。

注　意

（1）更换乙炔气瓶后，应用肥皂水涂抹在接头处，无气泡产生。乙
炔出口压力不能超过 0.15 MPa（乙炔气压力若低于 700 kPa，
请更换钢瓶，防止丙酮溢出）。

（2）空气压缩机一般在使用前观察润滑油位置是否合适，用后应放掉油水分离器中的水和空气压给机中的气体。定期放掉储气罐底部存留的油水。

（3）正常火焰形状不应有缺口或异色，正常为天蓝色，若火焰有异色或缺口，应清洁燃烧头。常规清洁方法只需用滤纸沾纯水或体积比为 3%～10%硝酸水溶液擦拭燃烧缝；如果燃烧缝有大量白色结垢，可将燃烧头卸下用水冲洗或用体积比为 10%～30%硝酸溶液浸泡。

（4）较脏或较浑浊的试样溶液在负压吸入时会导致毛细管堵塞，用空气反吹或用细小坚硬的铁丝小心通一下调节螺栓，直至恢复正常。

（5）每次检测完毕后，分别进 1%的硝酸溶液和纯水清洗原子化系统 3～5 min。

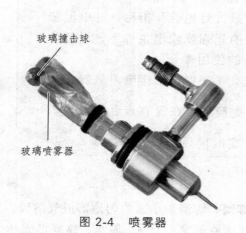

图 2-4　喷雾器

图 2-5　燃烧室

图 2-6　乙炔气

图 2-7　空气压缩机

3. 光学系统——单色器

光学系统的作用是分离谱线，把共振线与光源发射的其他谱线分离开，并将其聚焦到光电倍增管上。

光学系统的主要元件是单色器，其作用是分离出分析线，减少其他波长谱线干扰。其主要部件有透镜、狭缝调节系统和色散元件等，目前使用的仪器大多采用光栅作色散元件。如图 2-8 所示。

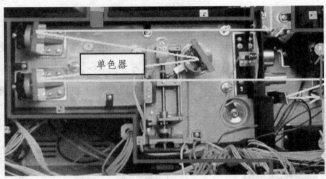

图 2-8　单色器

> **注　意**
>
> （1）狭缝宽度选择，在保证检测器接受的能量足够时（吸光度），适当减少光谱通带；
> （2）分析线选择：一般选用共振线作分析线，但为了排除干扰可选用次灵敏度线作分析线。

4. 检测系统——光电倍增管

检测系统的作用是接受待测量的光信号，并将其转换为电信号，经放大和运算处理后，给出分析结果。光电倍增管是目前常用的一种灵敏检测器，它是将光信号转换为电信号的电子器件。然后根据转换电信号的强弱最终在电脑显示器上显示吸光度的大小。如图 2-9 所示。

图 2-9　光电倍增管

注　意

更换光电倍增管时，必须戴干净薄棉布手套拿取。

5. 数据处理、仪器控制及显示系统——计算机及工作站

电脑及工作站如图 2-10 所示。

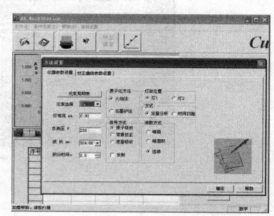

图 2-10　电脑及工作站

技能拓展

原子吸收分光光度计（火焰法）使用规程

WFX-120 型原子吸收分光光度计（图 2-11）是北京瑞利分析仪器公司生产的。它自动化程度高，具有自动波长设置、自动波长扫描、自动寻峰、自动对光等功能；并具有火焰熄灭安全保护及报警、空气欠压安全保护及报警、气路箱燃气漏气安全保护及报警等多项安全自动保护功能；具有氘灯背景校正技术和自吸效应背景校正技术。它被广泛应用于食品工业、地质、农业等科研领域。

图 2-11　WFX-120 原子吸收分光光度计

WFX-120 型原子吸收分光光度计的操作步骤：

1. 开 机

（1）打开稳压电源（原子吸收分光光度计最好配备稳压电源）。

（2）打开主机电源，预热 30 min。

（3）安装空心阴极灯。

（4）打开空气压缩机，出口压力一般为 0.3 MPa。

（5）打开乙炔钢瓶开关，调节减压阀至压力为 0.075 MPa。

（6）输入标准溶液浓度。

（7）打开乙炔开关，调节流量为 1.5 L/min，按点火按钮点火。

（8）燃烧 3 分钟后进去离子水，燃烧状态稳定后按增益键调零。

2. 测试条件选择

主机和空心阴极灯预热结束，打开计算机，然后打开工作站。

（1）操作软件的进入

首先打开计算机，系统启动完毕后，在计算机桌面上双击"BRAIC"图标，进入应用程序（图 2-12）。

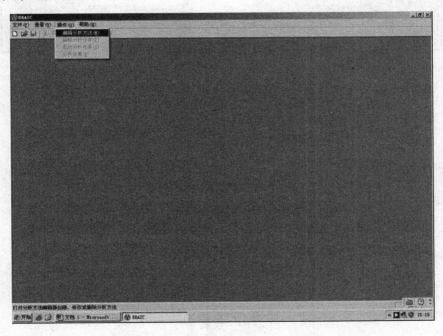

图 2-12　WFX-120 型原子吸收分光光度计应用程序

（2）分析方法的设置

在操作软件主窗口界面，单击"操作"菜单，选择"编辑分析方法"，进入"操作说明"对话框（图 2-13）。根据不同需要选择分析方式，一般情况下用"火焰原子吸收"，在测定 K、Na 等元素时选择"火焰原子发射"分析方式。在"操作"栏里选择"创建新方法"，然后单击"继续"按钮，进入"创建新分析方法"窗口（图 2-14）。"方法编号"显示当前编辑方法的顺序号；单击"分析元素"右侧按钮，选择待分析元素；单击"确定"进入"方法编辑器"窗口。这里有五个选项卡，分别是"仪器条件"、"测量条件"、"工作曲线参数"、"火焰条件"和"QC"。在"仪器条件"选项卡中（图 2-15），可以设置波长、狭缝、元素灯的类型、灯电流和元素灯的位置以及其他参数。该选项中参数（除元素灯的位置外）在软件的专家系统中已被设定，除特殊说明外一般用默认值即可。元素灯的位置应根据仪器灯架上元素灯的实际位置输入参数。通常条件下，背景校正器应选择"无"。D2 灯电流与 SH 脉冲电流：只有在背景校正器中选择了 D2 灯背景校正、自吸收后才可选择输入 D2 灯电流与 SH 脉冲电流。

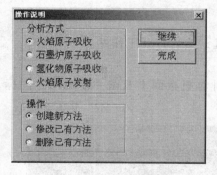

图 2-13　操作说明

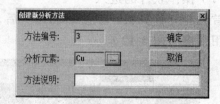

图 2-14　创建新分析方法

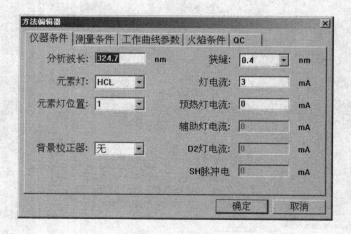

图 2-15　仪器条件

在"测量条件"选项卡中（图 2-16），"分析信号"选择"时间平均"（火焰法，石墨炉与氢化物法选用峰高或峰面积）；"测量方式"选择"工作曲线法"或"标准加入法"；"读数延时"设为 1 秒，否则仪器会死机；"读数时间"设为 1 或 2 秒；"阻尼常数"一般选择为 2，可以提高信噪比。

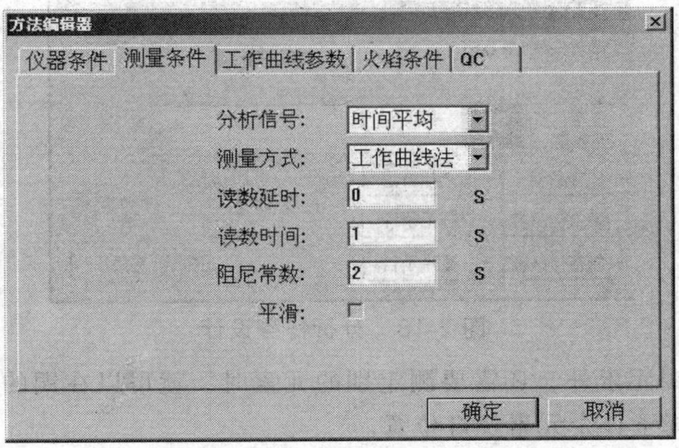

图 2-16　测量条件

在"工作曲线参数"选项卡中（图 2-17），可以选择拟合方程的类型（一次线性或二次），空白测量次数，浓度单位。需要说明的是，选中标准空白，即打上"√"，则输入除零点外的标准曲线浓度值，如图 2-12 所示，它表示每次测量标准样品时扣除标准空白；若是去掉"√"，则输入包括零点在内的标准曲线浓度值，即 S1 输入为 0，表示标准曲线强制通过零点。

在"火焰条件"选项卡里可以设置火焰类型，燃气与空气燃烧比例和燃烧头的高度。后两项可直接通过仪器的旋钮进行调节。"QC"为质量控制选项卡，为减小测量误差，可以设置校正曲线的浓度和其他参数。设置完毕后又回到图 2-13 窗口所示界面，单击"完成"即可。

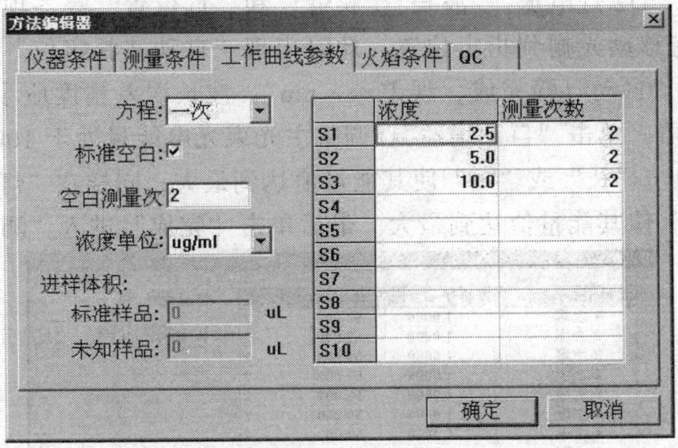

图 2-17　工作曲线参数

然后在主窗口（图 2-12）单击"文件"菜单，选择"新建"，则出现"选择分析方式"窗口，选择所需分析方式确定后出现"分析任务设计"窗口（图 2-18），单击"选择方法"按钮。

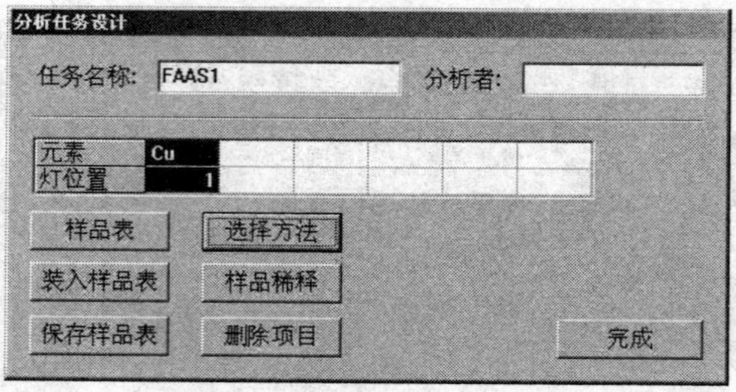

图 2-18　分析任务设计

　　如果除测定铜元素外，还需要测定别的元素时，就可以在铜的后一栏中点"选择方法"即可选择下一个元素及灯位置。

　　可选择事先编辑好的分析方法。单击"样品表"，出现"样品表"窗口（图 2-19），在该窗口内可选择样品类型（固体或液体），同时编辑样品的编号、样品名称、称样量（固体）或取样量（液体）、定容体积、测量次数等参数。比如 10 个样品，编辑时只需在第一行内输入，编号必须是数字，且格式为起始编号 + 逗号 + 末编号；后面四项输入后，单击"展开"按钮，即可制作好样品表（此操作必须在英文输入法下进行）。若只需要测待测液的浓度值，可将称样量或取样量、定容体积均输为 1 即可。同时还可以进行样品的添加和清除操作。此样品表还可以保存备用。如果样品需要稀释，可点击"样品稀释"按钮，出现"样品稀释表"，在上面输入稀释倍数，则测定结果直接为稀释前的浓度值。设置完成后单击"确定"回到"分析任务设计窗口"，单击"完成"进入"仪器控制"窗口（图 2-20）。

　　在"仪器控制"操作窗口内，"设置"按钮是用来设置本窗口内"主阴极电流""辅助阴极电流""D2 灯电流""波长""狭缝"和"灯位置"等各项参数。单击"自动波长"，仪器将移动光栅到指定位置，此时出现"自动波长定位"窗口，待完成后窗口右下方显示"自动寻峰完成，误差×××nm"，波长误差精度应小于 0.25 nm，否则应重新调整仪器。单击"自动增益"，调整主光束光电能量处于 100%左右；然后在"波长精调"栏单击"长"或"短"使其能量值达到最大；同样在"灯位置精调"栏单击"上"或"下"使其能量值达到最大。最后单击"完成"进入"测量"操作窗口。

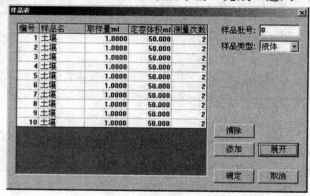

图 2-19　样品表

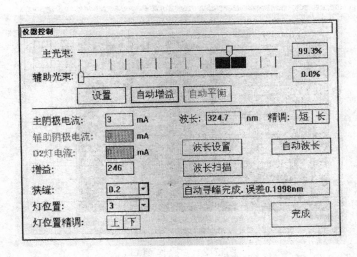

图 2-20 仪器控制

注意：在图 2-20 中还可以设置预热灯，预热灯和工作灯的转换，关闭工作灯等。其步骤如下：

① 预热灯的设置：提前 15 min，首先选择"预热灯的灯位置"，然后再点击"设置"，同时查看需要的预热的灯是否亮，如果灯亮说明已经预热成功。

② 预热灯与工作灯的转换：当预热灯设置好后，在把灯位置改回"工作灯位置"，然后点"设置"，此时工作灯又回到原来的位置。

（3）样品的测定、结果显示和输出

如图 2-21 所示，该操作窗口内有"测量""工作曲线""数据表""信号图"和"结果"五个选项卡。在测定过程中可以随时查看工作曲线，测定结果。在"测量"选项卡中，随时显示被测样品的光谱曲线。单击右上方"调零"，仪器自动调零，然后作标准曲线。标准曲线结果显示在"工作曲线"选项卡（图 2-22）中，在右侧显示标准曲线的吸光度值，拟合方程，相关系数，检出线（DL μg/mL）和特征浓度（C_0 μg/mL）。利用"屏蔽"功能可以调整工作曲线的线性方程和相关系数。在"数据表"选项卡中，可以查看标准曲线和被测样品的吸光度值（ABS）、标准偏差（SD）、相对标准偏差（RSD%）以及实际浓度值。如果对某个样品有疑问，可以选中重做，新采集的数据将覆盖原来的数据。也可以删除不要的数据。在"信号图"选项卡，显示被测样品的光谱信号。在"结果"选项卡中（图 2-23），显示被测元素的实际浓度值。测定结果可在"文件"菜单里被保存至本地硬盘，也可以 Excel 文件的格式直接打开。

3. 关 机

（1）测试完毕，进 1%硝酸溶液 5～10 min，然后进去离子水 15 min。

（2）关闭燃气。

（3）排去空气压缩机内的水分，关空气压缩机。

（4）排去管路中的乙炔和空气。

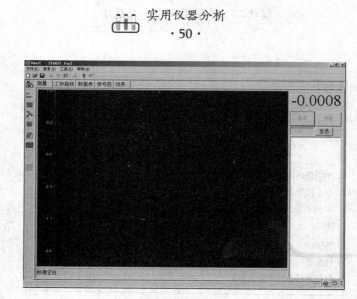

图 2-21　操作窗口

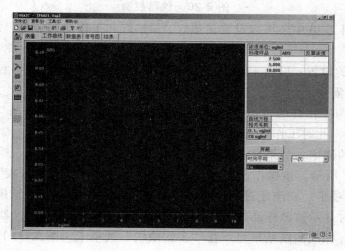

图 2-22　工作曲线

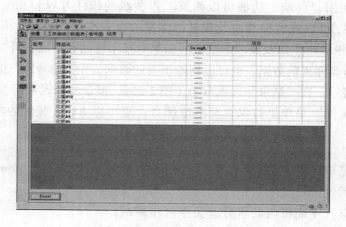

图 2-23　结果显示

（5）退出工作站，关灯和主机。

（6）关闭排气扇。

（7）倒干净废液罐中的废液，并用自来水冲洗废液罐。

（8）待燃烧器冷却后，卸下燃烧器，用自来水从颈部冲洗燃烧器内部，然后用去离子水冲洗，最后用干毛巾和滤纸擦干水。

（9）清洁燃烧室、实验桌、仪器室。

（10）登记仪器使用情况，关好门窗水电。

注 意

燃烧器的高度、角度都可以调节，以便选择适宜的火焰原子化区域，以提高元素分析灵敏度。同种类型不同燃气/助燃气流量比（燃助比）的火焰，火焰温度和氧化还原性质也不同，按不同燃助比可分为三类：① 中性火焰（燃助比等于计量比空气-乙炔火焰，中性火焰），其然助比为 1∶4。这种火焰稳定性好、温度较高、背景低、噪声小，适用于测定许多元素）。② 富燃火焰（燃助比大于计量比空气-乙炔火焰），其燃助比大于 1∶3，火焰燃烧高度较高，温度较贫然性火焰低。火焰的还原性较强，适合于易形成难离解氧化物元素的测定。③ 贫燃火焰（燃助比小于计量比空气-乙炔火焰），其燃助比小于 1∶6，火焰燃烧高度较低，燃烧充分，温度较高。火焰的氧化性较强，适用于易离解，易电离元素的原子化。

目标检测

一、选择题

1. 下列关于空心阴极灯使用注意事项描述不正确的是（　　　）。

　　A. 使用前一定要预热一段时间

　　B. 长期不用，应定期点燃处理

　　C. 在保证强度和稳定的条件下，尽量使用较低灯电流

　　D. 使用完毕立即拔下

2. 原子吸收分光光度计的结构中一般不包括（　　　）

　　A. 空心阴极灯　　　　　　　　　　B. 原子化系统

　　C. 分光系统　　　　　　　　　　　D. 进样系统

3. 火焰原子吸光光度法的测定工作原理是（　　　）。

　　A. 朗伯-比尔定律　　　　　　　　B. 波茨曼方程式

　　C. 罗马金公式　　　　　　　　　　D. 光的色散原理

4. 原子吸收分光光度法中的吸光物质的状态应为（　　　）。

　　A. 激发态原子蒸气　　　　　　　　B. 基态原子蒸汽

  C. 溶液中分子   D. 溶液中离子

5. 原子吸收光谱（ ）。

  A. 带状光谱   B. 线性光谱

  C. 宽带光谱   D. 分子光谱

6. 下列不属于原子吸收分光光度计的组成部分的是（ ）。

  A. 光源   B. 单色器

  C. 吸收池   D. 检测器

7. 原子吸收分光光度计的核心部分是（ ）。

  A. 光源   B. 原子化器

  C. 分光系统   D. 检测系统

8. 原子吸收光谱仪中单色器位于（ ）。

  A. 空心阴极灯之后   B. 原子化器之后

  C. 原子化器之前   D. 空心阴极灯之前

9. 对大多数元素，日常分析的工作电流建议采用额定电流的（ ）

  A. 30% ~ 40%   B. 40% ~ 50%

  C. 40% ~ 60%   D. 50% ~ 60%

10. 空心阴极灯的主要操作参数是（ ）。

  A. 内冲气压压力   B. 阴极温度

  C. 灯电压   D. 灯电流

二、填空题

1. 如果测量水中微量镁，则应选择_____空心阴极灯。

2. 吸光度由 0.434 增加到 0.514 时，则透光度减少了_____。

3. 原子化系统中，火焰原子化装置主要包括：_____、_____、_____。

三、判断题

1. 原子吸收光谱分析中灯电流的选择原则是：在保证放电稳定和有适当光强输出情况下，尽量选用低的工作电流。（ ）

2. 原子吸收光谱分析中灯电流的选择原则是：在保证放电稳定的情况下，尽量选用高的工作电流，以得到足够的光强度。（ ）

3. 电子从第一激发态跃迁至基态时，发射出光辐射的谱线称为共振吸收线。（ ）

4. 原子吸收法是根据基态原子核激发态原子对特征波长吸收而建立起来的分析方法。（ ）

5. 原子吸收光谱是带状光谱，而紫外-可见光谱是线状光谱。（ ）

6. 在使用原子吸收光谱法测定样品时，有时加入镧盐是为了消除化学干扰，加入铯盐是为了消除电离干扰。（ ）

7. 在原子吸收分光光度法中，一定要选择共振线作为分析线。（ ）

8. 原子吸收仪器和其他分光光度计一样，具有相同的内外光路结构，遵守朗伯-比尔定理。

9. 在原子吸收分光光度法中，对谱线复杂的元素常用较小的狭缝进行测定。（　　　）

10. 原子吸收分光光度计中常用的检测器是光电池。（　　　）

四、问答题

1. 什么叫原子吸收光谱分析法？它与紫外-可见分光光度分析法有何异同？

2. 在原子吸收光谱分析中，为什么每测一种元素都要使用该元素的空心阴极灯？

3. 影响雾化的因素有哪些？在原子吸收光谱分析中，是否喷雾试样量越多吸光值越大？

4. 选择最佳测定条件的一般方法是怎样的？

项目二　火焰原子吸收分光光度法测定茶叶中的铜

任务驱动

　　原子吸收分光光度计广泛用于地质、冶金、环保、食品、农业、卫生防疫、工业、疾病控制等部门。这种仪器用于食品、水、化妆品、生物材料、土壤等样品中的铜、铁、锌、钙、铅等 70 余种金属和类金属元素的定量分析。

培养目标

（1）了解原子吸收分光光度计的前期准备和试样的前处理方法；

（2）掌握原子吸收分光光度计上机操作规程（火焰原子吸收法）；

（3）掌握标准曲线法在原子吸收定量分析中的应用。

任务一　实验准备和试剂配制

准备仪器

原子吸收分光光度计（WFX-120）；

铜元素空心阴极灯；

容量瓶（50 mL）9 只；

吸量管（5 mL）2 只。

准备试剂

（1）硝酸（10%）：取 10 mL 硝酸置于适量水中，再稀释至 100 mL。

（2）硝酸（0.5%）：取 0.5 mL 硝酸置于适量水中，再稀释至 100 mL。

（3）硝酸（1+4）：量取 20 mL 硝酸置于适量水中，再稀释至 100 mL。

（4）硝酸（4+6）：量取 40 mL 硝酸置于适量水中，再稀释至 100 mL。

（5）水：原子吸收分光光度计用水一般指去离子水，重蒸蒸馏水，最好使用超纯水（图 2-24），超纯水电阻率大于 18.25 MΩ×cm。

> **注　意**
>
> 　　因为无机酸中一般都有少量金属离子存在，因此应选择纯度较高的试剂。一般来说，各种酸试剂应使用优级纯制剂。最好对每批酸试剂使用前进行验收测试，掌握酸试剂中含重金属情况，最好采用固定生产企业产品。

　　（6）铜标准溶液配制：准确称取 1.000 0 g 金属铜（99.9%），分多次加入硝酸（4+6）溶解，总量不超过 37 mL，移入 1 000 mL 容量瓶中，用水稀释至刻度。此溶液每毫升含 1.0 mg 铜（也可以直接购买配制好的标准溶液）。

　　铜标准使用液 I：吸取 10.0 mL 铜标准溶液，置于 100 mL 容量瓶中，用 0.5% 硝酸溶液稀释至刻度，摇匀，如此多次稀释至每毫升含 1.0 μg 铜。

图 2-24　超纯水机

> **注　意**
>
> （1）标准溶液一般可以储存一年，而标准使用液应现用现配，不宜储存后再使用，一般使用时间在 24～48 h 内。
>
> （2）标准溶液配制后应立即贴上标签，标签上注明溶液名称、溶液含量、配制日期及配制人。

任务二　分析试样制备

试样的预处理是在进行原子吸收测定之前，将试样处理成溶液状态，也就是对试样进行分解，使微量元素处于溶解状态。试样经过预处理后才能进行原子吸收光谱测定。

茶叶试样过 20 目筛，混匀。称取 1.00 ~ 5.00 g 试样，置于石英或瓷坩埚中，加 5 mL 硝酸，放置 0.5 h，放在电热板上小火蒸干，继续加热炭化；然后移入马弗炉中，（500±25）℃灰化 1 h，取出放冷；再加 1 mL 硝酸浸湿灰分，小火蒸干。再移入马弗炉中，500 ℃灰化 0.5 h，冷却后取出，用 1 mL 硝酸（1+4）溶解 4 次，转移入 10 mL 容量瓶中，用水稀释至刻度，备用。

取与消化试样相同量的硝酸，按同一方法做试剂空白试验（如果硝酸试剂自身含有铜元素，后期数据处理时扣除硝酸试剂带入的铜含量，即扣除空白）。

> **注　意**
>
> （1）称取试样 1.00 ~ 5.00 g（小数点后零的个数表示检测精
> 　　度要求）。
> （2）加热炭化时温度不要太高，避免硝酸溅出。

任务三　标准工作曲线绘制

活动一　分析条件选择和开机

火焰原子吸收分光光度计气路检查后，按照表 2-7 操作条件开机

表 2-7　原子吸收分光光度计操作条件

项目	建议条件
分析线	324.8 nm
灯电流	3 mA
狭缝宽度	0.4 nm
火焰类型	乙炔-空气
燃助比	1∶4
燃烧器高度	手动调节

活动二　溶液的配制和吸光度测定

（1）取 7 只 10 mL 容量瓶，分别加入 0.00 mL、1.00 mL、2.00 mL、4.00 mL、6.00 mL、8.00 mL、10.00 mL 标准使用溶液 I [任务一准备试剂（6）]，然后用 0.5% 稀硝酸水稀释至刻度，摇匀（此时各溶液浓度为 0.0、0.1 μg/mL、0.2 μg/mL、0.4 μg/mL、0.6 μg/mL、0.8 μg/mL、1.0 μg/mL）。

（2）吸光度测定：

待仪器稳定后，用 0.5% 稀硝酸作为空白喷雾调零，分别测定各标准溶液的吸光度。

活动三　记录与处理实验数据

1. 数据记录

记录仪器操作条件如表 2-8 所示，实验数据如表 2-9 所示：

表 2-8　仪器操作条件记录

分析者：_____　班级：_____　学号：_____　分析日期：____年____月____日

项目	实验记录
样品名称	
仪器名称	
仪器型号	
分析线	
灯电流	
狭缝宽度	
火焰类型	
燃烧比	
燃烧器高度	

表 2-9　实验数据记录

铜标准溶液体积/mL	0.00	1.00	2.00	4.00	6.00	8.00	10.00
含铜量/μg							
吸光度（A）							

2. 数据处理

以铜标准溶液的浓度为横坐标、吸光度为纵坐标，绘制铜的标准曲线。

任务四　试样的测定

活动一　未知试样吸光度测定

处理后的试样溶液在与标准曲线相同的仪器条件下测量其吸光度。

活动二 记录与处理实验数据

1. 实验数据记录（表2-10）

表2-10 实验数据原始记录

测定次数	1	2	3
试样质量/g			
处理后未知溶液的体积/mL			
吸光度（A）			
未知溶液的浓度 ρ_x/（μg/mL）			

2. 数据处理及计算结果

根据待测水样的吸光度从标准曲线上查的相应的含铜量 ρ_x，计算待测水样的原始浓度。

$$\rho_x(\mu g / mL) = \frac{\rho_x \times V_x}{\text{移取试液体积} V(\text{mL})} \tag{2-2}$$

活动三 火焰原子吸收分光光度计关机

先关闭乙炔气体，待火焰熄灭后，尝试再次点火让管道内余气排净后，关闭主机电源，最后关闭空气压缩机，待压力表回零后，旋松减压阀阀柄。及时填写仪器使用记录，做好实验室整理和清洁工作，并进行安全检查后，才可以离开实验室。

活动四 实验过程和结果评价

实验过程和结果评分按照表2-11评价：

表2-11 过程和结果评价

操作要求	鉴定范围	鉴定内容	分值	得分	鉴定比例
操作技能	基本操作技能	标准贮备溶液和标准工作溶液的配制	3		20%
		开机、关机操作	2		
		光度测量操作（最佳测量吸收线选择、吸光度测量方法）	5		
		正确记录数据和正确绘制工作曲线以及工作曲线的正确使用	7		
		数据的正确处理	3		
仪器使用与维护	设备的使用与维护	正确认识使用光源	5		30%
		正确认识使用单色器	5		
		正确认识使用光电管	5		
	玻璃仪器的使用与维护	正确使用容量瓶，正确喷样	10		
		正确使用烧杯、滴管、移液管、玻璃棒等	5		

操作要求	鉴定范围	鉴定内容	分值	得分	鉴定比例
数据结果处理	工作曲线线性（R 值）	$0.999 \sim 1$（包括 0.999）	20		40%
		$0.99 \sim 0.999$（包括 0.99）	15		
		$0.9 \sim 0.99$（包括 0.9）	10		
		< 0.9	0		
	测定结果准确度%	相对误差 $\leqslant 1$	20		
		$1 <$ 相对误差 $\leqslant 5$	10		
		相对误差 > 5	0		
安全与其他	合理支配时间 保持整洁、有序的工作环境 合理处理、排放废液 安全用电 正确记录原始数据 按时完成实验报告，并整洁有序		10		10%

知识拓展

一、原子分光光度法数据处理（定量分析）

1. 外标曲线法

在大多数原子吸收分光光度法中（AAS 法），需要通过测量一系列已知浓度标准溶液的吸光度来进行定量。外标法的基本假定是相同浓度的标准溶液和样品将产生相同的吸光度。

采用高纯物质配制成一系列浓度的标准物质，测得其吸光度，建立校正曲线。在同样的条件下，检测被测样品的吸光度，从校正曲线上得到其浓度，这就是外标曲线法。外标曲线法测得结果的准确性，依赖于标准物质与被测样品组成的基体匹配。在分析中为克服样品基体对结果的影响，需要将标样制备成与样品基体一致的标样，也就是基体要匹配。

由于实际工作中的外标一般由已知待测物的纯化学物质制成，因此，外标不含有原始试样中大部分基体。通常为保持一致，尽量在外标中加入所有用于试样制备的试剂，并使外标与分析样品中这些加入成分的浓度尽可能相同。

> **注　意**
>
> （1）扣除空白值；
> （2）基体匹配。

2. 标准加入法

当试样的组成比较复杂又无法配制与试样组成相匹配的标准溶液时，使用标准加入法进行分析。具体操作方法是：吸取 4 份以上的等量试样溶液，第一份不加待测元素的标准溶液；第二份开始，依次按比例加入不同量待测组分标准溶液，用溶剂稀释至同一体积，以空白溶液为参比，在相同测量条件下，分别测量各份试样溶液的吸光度，绘制出工作曲线，并将它反向延长至浓度轴，则在浓度轴上的截距即为未知样品的浓度，如图 2-25 所示。

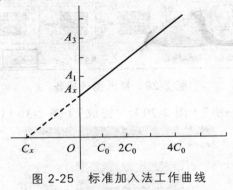

图 2-25　标准加入法工作曲线

二、用 Excel 制作线性回归

先在 Excel 输入预先测得的两组数字（x 代表已知浓度；y 代表原子吸收分光光度计对应已知浓度的吸光度），如图 2-26 所示：

x	y
0.55	1.23
0.75	1.56
0.95	1.78
0.99	1.82
1.23	2.02
1.34	2.45
1.46	2.62

图 2-26　输入数据

然后再选中两列数字部分，如图 2-27 所示：

x	y	
0.55	1.23	
0.75	1.56	
0.95	1.78	
0.99	1.82	
1.23	2.02	
1.34	2.45	
1.46	2.62	

图 2-27　选择待处理数据

在菜单栏依次选择"插入\图表";再按图 2-28 所示散点图操作：

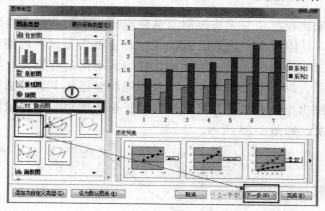

图 2-28　插入图表操作

然后一直点击"下一步"（图 2-29），"完成"（图 2-30）（中间不用修改数据）：

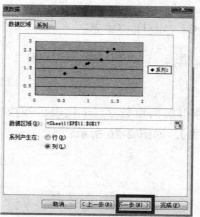

图 2-29　下一步

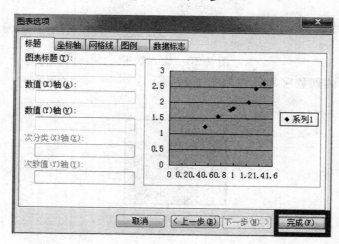

图 2-30　完成

然后得到如图 2-31 所示的图形：

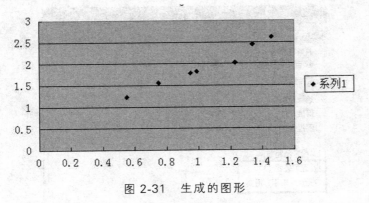

图 2-31 生成的图形

单击图像中任意一个"点"（注意：不是整个图像）直至所有点呈黄色，该过程中可以取舍一些离散点，使线性相关性更好，使相关系数接近 1，如图 2-32 所示：

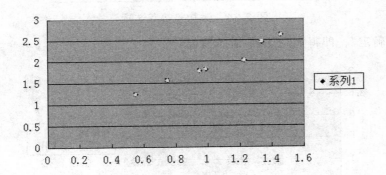

图 2-32 选择数据点

然后右击鼠标，选择"添加趋势线"（图 2-33）：

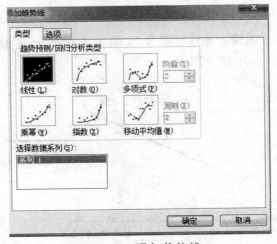

图 2-33 添加趋势线

选择合适的趋势线："选项"里面可选"显示公式"和"显示 R 平方值"（图 2-34）：

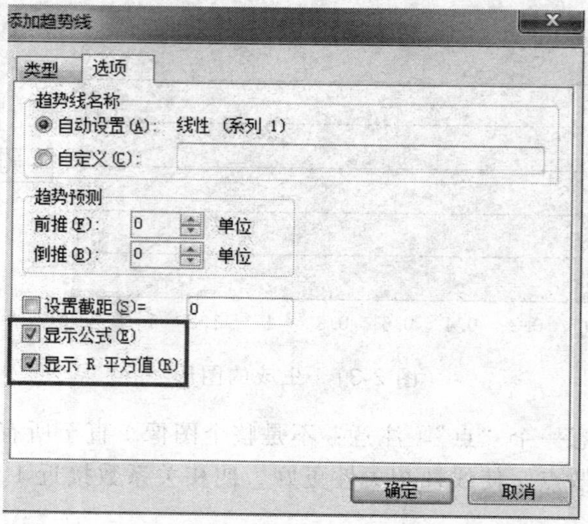

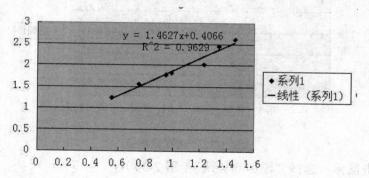

图 2-34　添加趋势线选项

单击"确定"，即得如图 2-35 所示图像：

$y = 1.4627x + 0.4066$

$R^2 = 0.9629$

图 2-35　得到工作曲线

图像的处理：单击图像（非线性部分），右击"清除"；单击网格线（横线），右击"清除"，即得如图 2-36 所示图像。

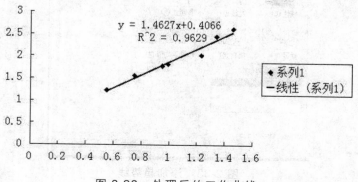

$y = 1.4627x + 0.4066$

$R^2 = 0.9629$

图 2-36　处理后的工作曲线

技能拓展

原子吸收分光光度法前期准备及试样前处理方法

1. 食品安全国家标准

为了获得公众社会共同认可的检测数据结果，必须采用统一原理，统一方法，使用同类设备，统一操作程序，统一计算方法，因此必须制定统一标准。例如，食品安全全国家标准：GB 5009.12—2010 食品中铅的测定[图 2-37（a）]，食品国家标准：GB/T 5009.13—2003 食品中铜的测定[图 2-37（b）]。

（a）　　　　　　　　　　　　　　（b）

图 2-37　食品安全国家标准

GB 代表国家标准；/T 代表推荐标准；无/T 表示为强制标准。5009.12 代表标准代号；2010 代表标准年代号。标准有发布日期和实施日期。

2. 常用容器

常用容器有如下几种（图 2-38）：

 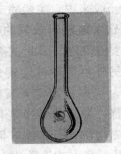

玻璃烧杯　　　　　　　　　　凯氏瓶

三角瓶

容量瓶

移液管

瓷坩埚

石英坩埚

聚四氟乙烯塑料器皿

图 2-38 原子分光光度法常用容器

注 意

（1）器皿的选择：对于微量和痕量元素分析来说，所用器皿的质量以及洁净与否对分析结果至关重要。因此在选择用于保存及消化试样的器皿时，要考虑到其材料表面吸附性和器具表面的杂质等因素可能对样品带来的污染。一般来说，实验室分析测定所用仪器大部分为玻璃制品，但是由于一般软质玻璃有较强的吸附力，会将待测溶液中的某些离子吸附掉而使测定结果偏低，因此试剂瓶及容器最好避免使用软质玻璃而使用硬质玻璃。另外目前微量元素分析常用的还有塑料、石英、玛瑙等材料制成的器皿，可根据测定元素的种类以及测定条件来选择适用的器皿。

（2）器皿的洗涤：容器的洁净是获得准确测定结果的保证。一般洗涤程序应为：器皿先用洗涤剂刷洗，再用自来水冲洗干净；然后用 30%硝酸浸泡48 h，再用蒸馏水冲洗数次；最后再用超纯水浸泡 24 h 烘干备用。有试验证明经以上程序处理过的器具无锌、铜、铁、镁等元素存在。

3. 常规处理——粉碎和均质设备（图 2-39）

研钵

组织捣碎机

粉碎机

绞肉机

图 2-39　常规粉碎和均质设备

研钵——用于具有韧性食品的粉碎（银耳）。

组织捣碎机——用于水果、半固体试样的均质（豆瓣、水果）。

粉碎机——用于固体样品的粉碎（膨化食品、大米）。

绞肉机——生肉食品（猪肉、牛肉）。

4. 常规处理——过筛

筛子（图 2-40）的孔径具有大小之分，大小孔径细度以目数计，目数是指每平方英寸上的孔目数，目数越大，孔数越小。20 目孔径 800 μm 左右，200 目孔径 80 μm 左右。使用较多规格在 20 ~ 200 目之间（孔径在 800 ~ 80 μm 之间）。

图 2-40　铜丝筛

5. 常规处理——干燥

恒温箱（图 2-41）主要用于去除试样中水分，温度一般在 104 ℃ 左右，有些恒温箱带有鼓风机，增加流动性，对试样进行鼓风干燥。但具有鼓风机的恒温箱注意不要将污垢灰尘吹到试样中，造成检测数据不准。

图 2-41　恒温箱

6. 常用试剂

原子分光光度计所进样品必须是液态，如何使固态及半固态食品样品呈现液态形式，通常使用强酸消解，其目的是强酸具有强氧化性，通过化学反应分解试样中的有机物，使待测组分以液态形式存在于溶液中。

注 意

一般强氧化性酸有浓硝酸、浓硫酸、高氯酸，使用时注意人身安全，以免灼伤。

7. 常用仪器

电子天平（图 2-42）：称量精度分有 1 g、0.1 g、0.01 g、0.001 g、0.000 1 g、0.000 01 g 等，根据要求选用不同精度的天平以保证检测结果准确度。

注 意

电子天平每日进行校检，每次称样前需归零。

电热板（图 2-43）：实验电炉，40 ~ 500 ℃。

马弗炉（图 2-44）：箱式实验电炉，100 ~ 1 800 ℃。

图 2-42　电子天平

图 2-43　电热板

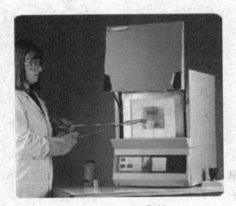

图 2-44　马弗炉

图 2-45　坩埚和坩埚钳

注 意

（1）使用电子分析天平时，必须用称量瓶盛装物质进行称量，并且不能用手指直接接触称量瓶及瓶盖（可用小纸条夹住称量瓶及瓶盖）。调零和读取质量时必须将天平门关好后再读数。

（2）对于过热或过冷的被称物，应置于干燥器中直至温度同天平温度一致后才能进行称量。

（3）从马弗炉中或电热板上拿取坩埚时必须使用坩埚钳（图 2-45），以免烫伤。

8. 溶解和稀释

原子吸收分光光度计的检测灵敏度较高，检测浓度范围一般在 mg/kg 或 mg/L 量级，所以试样要经过几级稀释达到检测要求。尤其食品中钠元素检测更是如此。逐步稀释过程如图 2-46 所示。

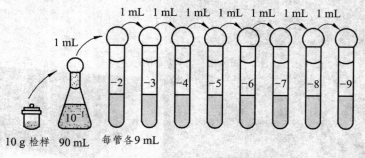

图 2-46　样品逐级稀释图

目标检测

一、选择题

1. 采用调制的空心阴极灯主要是为了（　　）。
　　A. 延长灯寿命　　　　　　　　B. 克服火焰中的干扰谱线
　　C. 防止光源谱线变宽　　　　　D. 扣除背景吸收

2. 原子化器的主要作用是（　　）。
　　A. 将试样中待测元素转化为基态原子
　　B. 将试样中待测元素转化为激发态原子
　　C. 将试样中待测元素转化为中性分子
　　D. 将试样中待测元素转化为离子

3. 在原子吸收分光光度计中，目前常用的光源是（　　）。
　　A. 火焰　　　　　　　　　　　B. 空心阴极灯
　　C. 氙灯　　　　　　　　　　　D. 交流电弧

4. 使用空心阴极灯不正确的是（　　）。
　　A. 预热时间随灯元素的不同而不同，一般 20 ~ 30 min
　　B. 低熔点元素灯要冷却后才可以移动，长期不用，应每隔半年在工作电流下 1 h
　　C. 点燃处理
　　D. 测量过程不要打开灯室盖

5. 火焰原子化法中，试样的进样量一般在（　　）为宜。
　　A. 1 ~ 2 mL/min　　　　　　　B. 3 ~ 6 mL/min
　　C. 7 ~ 10 mL/min　　　　　　D. 9 ~ 12 mL/min

6. 选择不同的火焰类型主要是依据（　　）。
　　A. 分析线波长　　　　　　　　B. 灯电流大小
　　C. 狭缝宽度　　　　　　　　　D. 待测元素性质

7. 原子吸收定量方法的标准加入法，可消除的干扰是（　　　）。

    A. 基体效应　　　　　　　　　　　　B. 背景吸收

    C. 光散射　　　　　　　　　　　　　D. 电离干扰

8. 原子吸收光谱定量分析中，要求标准溶液和试液的组成尽可能相似，且在整个分析过程中操作条件保持不变的分析方法是（　　　）。

    A. 内标法　　　　　　　　　　　　　B. 标准加入法

    C. 归一化法　　　　　　　　　　　　D. 标准曲线法

9. 原子吸收分光光度计调节燃烧器高度目的是为了得到（　　　）。

    A. 吸光度最小　　　　　　　　　　　B. 透光度最小

    C. 入射光强最大　　　　　　　　　　D. 火焰温度最高

10. 原子吸收光谱法是基于从光源辐射出待测元素的特征谱线，通过样品蒸气时，被蒸气中待测元素的（　　　）所吸收，由辐射特征谱线减弱的程度，求出样品中待测元素的含量。

    A. 原子　　　　　　　　　　　　　　B. 激发态原子

    C. 分子　　　　　　　　　　　　　　D. 基态原子

11. 原子吸收空心阴极灯的灯电流应该（　　　）打开。

    A. 快速　　　　　　　　　　　　　　B. 慢慢

    C. 先慢后快　　　　　　　　　　　　D. 先快后慢

12. 原子荧光与原子吸收光谱仪结构上的主要区别在（　　　）。

    A. 光源　　　　　　　　　　　　　　B. 光路

    C. 单色器　　　　　　　　　　　　　D. 原子化器

13. 现代原子吸收光谱仪的光学系统的组成主要是（　　　）。

    A. 棱镜+凹面镜+狭缝　　　　　　　　B. 棱镜+透镜+狭缝

    C. 光栅+凹面镜+狭缝　　　　　　　　D. 光栅+透镜+狭缝

14. 原子吸收分析的特点不包括（　　　）。

    A. 灵敏度高　　　　　　　　　　　　B. 选择性好

    C. 重现性好　　　　　　　　　　　　D. 一灯多用

15. 一般情况下，原子吸收分光光度法测定时总是希望光线从（　　　）的部分通过。

    A. 火焰温度最高　　　　　　　　　　B. 火焰温度最低

    C. 原子蒸气密度最大　　　　　　　　D. 原子蒸气密度最小

二、填空题

1. 火焰原子吸收法与紫外-可见分光光度法,其共同点都是利用＿＿＿＿＿＿原理进行分析的方法。但二者有本质区别，前者是＿＿＿＿＿＿，后者是＿＿＿＿＿＿；所用的光源，前者是＿＿＿＿＿＿，后者是＿＿＿＿＿＿。

2. 火焰原子吸收法的原子吸收分光光度计主要是由＿＿＿＿＿＿、＿＿＿＿＿＿、

_____、_____、_____及_____部分组成。

3. 中性火焰（空气-乙炔火焰），其燃助比是_____。富燃火焰（空气-乙炔火焰），其燃助比是_____。贫燃火焰(空气-乙炔火焰),其燃助比是_____。

三、判断题

1. 原子吸收光谱分析中，测量的方式是峰值吸收，而以吸光度值反映其大小。（　　　）

2. 原子吸收光谱检测中当燃气和助燃气的流量发生变化，原来的工作曲线仍然适用。（　　）

3. 空心阴极灯亮，但高压开启后无能量显示，可能是无高压。（　　　）

4. 在原子吸收分光光度法中，对谱线复杂的元素常用较小的狭缝进行测定。（　　　）

5. 对大多数元素来说，共振线是元素所有谱线中最灵敏的谱线，因此，通常选用元素的共振线作为分析线。（　　　）

6. 贫燃性火焰是指燃烧气量等于化学计量时形成的火焰。（　　　）

7. 原子吸收光谱法中常用空气-乙炔火焰，当调节空气与乙炔的体积比为 4：1 时，其火焰称为富燃性火焰。（　　　）

8. 原子吸收法是依据溶液中待测离子对特征光产生的选择性吸收实现定量测定的。（　　）

9. 标准加入法的定量关系曲线一定是一条不经过原点的曲线。（　　　）

10. 原子吸收分光光度计中常用的检测器是光电池。（　　　）

四、计算题

1. 在原子吸收光谱仪上，用标准加入法测定试样溶液中 Cd 含量。取两份试液各 20.0 mL，于 2 只 50 mL 容量瓶中，其中一只加入 2 mL 镉标准溶液（1 mL 含 Cd 10 ug）另一容量瓶中不加，稀释至刻度后测其吸光度值。加入标准溶液的吸光度为 0.116，不加的为 0.042，求试样溶液中 Cd 的浓度（mg/L）。

2. 在 50 mL 容量瓶中，分别加入 Cu^{2+}标准溶液（50.0 μg/mL）1.00 mL、2.00 mL、3.00 mL、4.00 mL。用 1：200 的稀硝酸稀释至刻度后摇匀，测得各溶液的吸光度依次为 0.21、0.42、0.63、0.84。称取某试样 0.521 5 g，溶解后移入 50 mL 容量瓶中，同样方法稀释至刻度摇匀。在工作曲线相同条件下，测得溶液的吸光度为 0.40，求试样中铜的质量分数。

模块三　气相色谱法

项目一　填充色谱柱的制备

任务驱动

　　气相色谱的核心功能是分离和分析，其中分离是基础，主要通过色谱柱完成。色谱柱是色谱仪的核心组成部分，常见的有填充柱和毛细管柱，柱子的性能好坏对色谱分析结果的准确性影响很大。填充柱的制备是最基础的色谱操作。

> **培养目标**
>
> （1）认识色谱柱的种类；
> （2）了解填充柱的一般材料和形状；
> （3）掌握填充柱的制备过程；
> （4）理解固定相的定义和分类。

任务一　实验准备和试剂配制

准备仪器

　　SC-3A 型气相色谱仪，SC-200 型气相色谱仪，GC-7900 型气相色谱仪，10 μL 微量进样器，GDX-104 合成固定相色谱柱毛细管色谱柱（20 m），Φ5 mm×2 m 不锈钢柱管，真空泵，50 mL 量筒。

准备试剂

　　6201 担体，邻苯二甲酸二壬酯固定液，甲醇，苯和甲苯的混合物，水和甲醇的混合物。

任务二 柱管清洗及试漏

试漏是将不同材料和形状的柱子（图 3-1），全部侵入水中，将出口堵死，然后通气，在高于使用操作压力下柱体不应有气泡冒出。清洗的方法与柱子材料有关，对于玻璃柱，可用 K_2CrO_4-H_2SO_4 洗液浸泡，然后用自来水冲洗至中性烘干备用。对于不锈钢柱，则用 5%~10%的热 NaOH 的水溶液抽洗 4~5 次，以除去管内壁的油腻和污物，然后用自来水冲洗至中性，烘干备用。

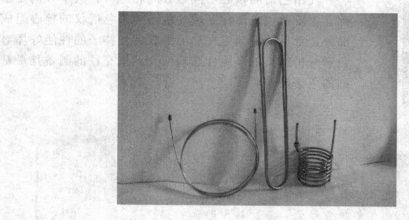

图 3-1 色谱柱管

任务三 固定液的涂渍

活动一 固定液用量选择

固定液的用量要视担体的性质及相关情况而定，通常称为液担比（一般为 5：100~30：100）。根据柱的容量大致计算担体的用量，用干燥量筒量取 50 mL 已经筛分过的 6201 担体并称取其质量，按照 5%的液担比计算固定液用量，并称取置于干燥的烧杯中。

活动二 固定液的涂渍

用量筒量取稍大于担体体积的溶剂（甲醇、乙醚、丙酮等）60 mL，倒入装有固定液的烧杯中，轻轻搅拌，让固定液完全溶解；再倒入担体，在通风橱中轻轻晃动烧杯，以保证固定液在担体表面均匀分布；然后在通风橱中水浴（水浴温度低于溶剂沸点以下 20 ℃）或红外灯下除去溶剂，待溶剂完全挥发后，再筛去细粉，即可准备装柱。

注　意

（1）涂渍过程中切不可图快而用烘箱或在高温下烘烤，若溶液挥发太快，不易涂渍均匀。

（2）不宜用玻璃棒猛烈搅拌，以使担体损伤。

活动三　记录与处理实验数据

表 3-1　担体、固定液、溶剂用量记录

名称次数	担体		固定液用量/g	溶剂用量/mL
	体积/mL	质量/g		
1				
2				
3				

任务四　色谱柱的装填

将已洗净烘干的柱子的一端塞上玻璃棉，接入真空泵，不断抽气，在柱的另一端通过专用小漏斗加入已涂渍好的固定相，在装填时，用小木棒不断轻轻敲击柱管，使装填紧密，直至填满，如图 3-2 所示。

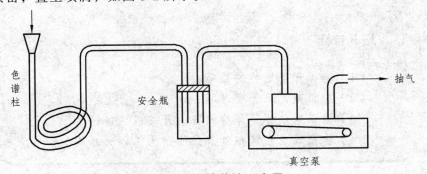

图 3-2　泵抽装填示意图

任务五　色谱柱的老化

活动一　老　化

固定相装入色谱柱后不能马上使用，需要进行老化处理，将色谱柱接入色谱仪，在稍高于操作时温度的柱温下，但又不能超过固定液的使用温度，连续通载气 4～8 h，老化后即可进样分析。色谱柱老化的目的：一是除尽固定相中残留的溶剂；二是促使固定液均匀地、牢固的涂覆在担体上。

活动二　记录与处理实验数据

表 3-2　色谱柱老化记录

次数	老化温度：_____ °C		老化温度：_____ °C	
	开始时间	结束时间	开始时间	结束时间
1				
2				

项目二　色谱基础操作

任务驱动

色谱分析法是应用极为广泛且相当有效的分离技术，在分析化学领域已成为现代仪器分析的独立而重要的分支。它是一门新兴学科，目前广泛应用于石油工业、化学工业、环境保护、生物学、农业、食品等领域。色谱分析法的基本操作要领是熟练掌握色谱进样技术，根据实验对象调整实验条件，包括各部温度，载气流速，根据检测器不同确定不同的开关机顺序和参数设置。

培养目标

（1）掌握正确进样的技巧；
（2）能正确记录保留时间；
（3）能正确叙述不同检测器的开关机顺序；
（4）能正确说出气相色谱仪的结构（六大系统）。

任务一　实验准备和试剂配制

准备仪器

SC-3A 型气相色谱仪，SC-200 型气相色谱仪，GC-7900 型气相色谱仪，气体钢瓶，减压阀，气体净化器，聚乙烯塑料管，石墨垫圈与 O 型圈，10 μL 微量进样器，

GDX-104 合成固定相色谱柱毛细管色谱柱（20 m）。

 准备试剂

苯和甲苯的混合物水和甲醇的混合物，肥皂水。

任务二 色谱仪气路连接、检查和开机

活动一 气路连接

1. 准备工作

（1）根据气体正确选择减压阀。氢气钢瓶选择氢气减压阀（连接螺母为反丝）；氮气和空气气体钢瓶选择氧气减压阀，如图 3-3、图 3-4 所示。

图 3-3 氢气减压阀　　　　　　　　图 3-4 氧气减压阀

（2）准备气体净化器（一般高纯气体和零级空气只需干燥）：洗净气体净化管后烘干，分别装入分子筛、活性炭或硅胶；在气体出口处，塞一段脱脂棉（图 3-5）。

图 3-5 气体净化器

（3）准备好气体连接管，一般为聚乙烯塑料管。

2. 连接气路

（1）高压气体钢瓶与减压阀的连接：用手将减压阀连接在高压钢瓶的出口端，旋紧后用工具拧紧。

（2）减压阀与气体管道的连接：更换减压阀出口配件，选择有螺纹的出口附件，将聚乙烯塑料管一端插入不锈钢衬管（必要时把塑料管放在热水中一会），再依次套入螺母、压环和 O 型圈，最后连接至减压阀出口，旋紧后用工具适当拧紧。如图 3-6和图 3-7 所示。

 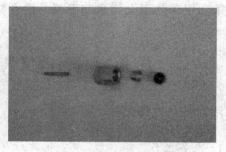

图 3-6　气路连接部件（1）　　　　　图 3-7　气路连接部件（2）

（3）气体管道和净化器连接：将聚乙烯塑料管一端插入不锈钢衬管（必要时把塑料管放在热水中一会），再依次套入螺母、压环和 O 型圈，最后连接至气体净化管的进口上。气路连接要求即保证气密性，又不能损坏接头，用力要适当。

（4）气体净化器与气相色谱仪的连接。按照图 3-8 的方法，将气体净化器的出口接至气相色谱仪的进口上。

图 3-8　气路仪器连接

（5）填充柱的安装：选择合适的螺母，压环和石墨垫，将制备好的填充色谱柱的填充端接在气相色谱仪的气化室出口处，抽气端接入检测器人口处（热导池检测器需要同样条件下填充的两根色谱柱）

注　意

（1）减压阀和气体配套严格使用，不可以混用。

（2）连接时不要将进出口混淆，不要将气体种类接错。

（3）各部连接中，拧紧螺母用力要适当，防止管道破裂漏气。

活动二　气路检查

1. 检漏

关闭钢瓶减压阀上的气体输出节流阀，打开钢瓶总阀门（此时操作者不能面对压力表，应位于压力表右侧），用皂液（洗涤剂饱和溶液）涂在各接头处（钢瓶总阀门开关、减压阀接头、减压阀本身），如有气泡不断涌出，如图 3-9 所示，则说明这些接口处有漏气现象，应重新安装。然后再行试漏，直至不漏气为止。

图 3-9　试漏

2. 汽化室密封圈的检查

检查气化密封圈是否完好，如有渗漏应更换新垫圈。

3. 气源至色谱柱间的检漏

此步在连接色谱柱之前进行。用垫有橡胶垫的螺帽封死气化室出口，打开减压阀输出节流阀并调节至输出表压 0.4 MPa；打开仪器的载气稳流阀（逆时针方向打开，旋至压力表呈一定值，如 0.2 MPa）；用皂液涂各个管接头处，观察是否漏气，若有漏气，需重新仔细连接。

关闭气源，半小时后，若仪器上压力表指示的压力下降至小于 0.005 MPa，则说明气化室前的气路不漏气，否则，应仔细检查找出漏气处，重新连接，再行试漏，直至不漏气为止。

4. 汽化室至检查器出口间的检漏

接好色谱柱，开启载气，输出压力调在 0.2 ~ 0.4 MPa。将柱前压对应的稳流阀的圈数调至最大，然后堵死仪器检测器出口，用皂液逐点检查各接头，看是否有气泡溢出，若无，则说明此间气路不漏气（或关载气稳压阀，半小时后，若仪器上压力表指示的压力下降至小于 0.005 MPa，则说明此段不漏气，反之则漏气）。若漏气，则应仔细检查找出漏气处，重新连接，再行试漏，直至不漏气为止。

活动三　开机并设定色谱操作条件

热导池检测器（TCD）应该先开载气，待柱前压力表有压力显示后，开主机电源，并设定各部条件如表 3-3 所示；氢火焰检测器（FID）开通载气，待柱前压力表有压力显示后，开主机电源，并设定各部条件如表 3-3 所示，待检测器温度达到设定温度后，开空气和氢气并点火（点火时氢气流量适当开大，点火成功后调节流量至设定流量）。

表 3-3　色谱仪操作条件

色谱操作条件		TCD	FID
载气		氢气（或氮气）	氮气
载气流量（不分流）/（mL/min）		20	25
载气流速（分流）/（mL/min）	载气流量		2
	分流流量		2
	尾吹流量		1
氢气流速/（mL/min）			25
空气流速/（mL/min）			250
柱温/℃		95	90
气化室温度/℃		130	130
检测器温度/℃		120	200
热导池检测器桥电流/mA		60	

任务三　色谱仪进样和谱图采集

活动一　色谱仪进样

待仪器基线稳定后，用微量进样器（图 3-10）吸取样品，正确进样（图 3-11）。

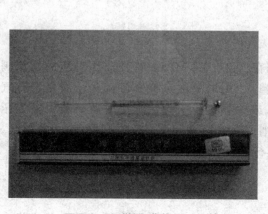

图 3-10　微量进样器

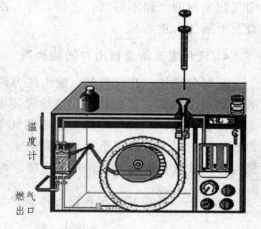

图 3-11　进　样

注　意

（1）微量进样器使用前应先用丙酮或无水乙醇抽洗 15 次左右，每次体积是容量体积一半以上，然后再用待测分析的样品抽洗 15 次左右。

（2）进样时，排样迅速，确保进样时间的一致。

（3）氢气是一种危险气体，使用中应按照要求规范操作，色谱实验室通风良好。

（4）实验中防止高温烫伤。

活动二　色谱仪的谱图采集

可以用记录仪和配套的色谱工作站记录色谱图。

活动三　记录与处理实验数据

表 3-4　色谱仪操作条件和谱图原始记录

分析者：_____　班级：_____　学号：_____　分析日期：____年____月____日

色谱操作条件		TCD		FID	
载气					
载气流量（不分流）/（mL/min）					
载气流速（分流）/（mL/min）	载气流量				
	分流流量				
	尾吹流量				
氢气流速/（mL/min）					
空气流速/（mL/min）					
柱温/℃					
气化室温度/℃					
检测器温度/℃					
热导池检测器桥电流/mA					
出峰顺序		1	2	1	2
保留时间/min					
峰高（h）/mm					
半峰宽（$W_{1/2}$）/mm					
峰面积（A）/mm^2					

任务四 气相色谱仪关机

热导池检测器（TCD）应该先关检测器桥流，将各部温度降至室温后，再关闭主机电源，最后关闭载气；氢火焰检测器（FID）先关闭氢气和空气，待火焰熄灭后，将各部温度降至室温，再关闭主机电源，最后关闭载气。填写仪器使用记录，做好实验室整理和清洁工作，并进行安全检查后，才可以离开实验室。

> **注 意**
>
> （1）关闭载气时，先关闭钢瓶总阀，待减压阀压力表指针回零后，再关闭减压阀（T字阀杆逆时针方向旋松）。
> （2）关闭载气气路中的净化器开关。

任务五 实验过程和结果评价

实验过程和结果按照表 3-5 评分。

表 3-5 过程和结果评价

操作要求	鉴定范围	鉴定内容	分值	得分	鉴定比例
操作技能	基本操作技能	微量进样器的使用（润洗、排气泡、取样）	5		20%
		正确的进样方法（右手持针、左手护针）	3		
		正确区分气相色谱的检测器（热导池和氢火焰检测器）	2		
		正确叙述热导池检测器的气相色谱仪的开关机顺序和氢火焰检测器的气相色谱仪的开关机顺序	5		
		正确识别色谱图（基线，峰高、半峰宽）	3		
		正确记录保留时间和物质区分	2		
仪器使用与维护	设备的使用与维护	正确认识使用减压阀	5		30%
		正确认识使用汽化室	5		
		正确认识使用色谱柱	5		
		正确认识使用检测器	5		
		正确认识使用温度控制系统	5		
		正确认识使用记录仪	5		

续表

操作要求	鉴定范围	鉴定内容	分值	得分	鉴定比例
数据记录和结果处理	色谱图的处理	正确标注峰高、半峰宽并准确量取	20		40%
		未正确标注，但有量取数据	10		
		未正确标注峰高、半峰宽并准确量取	0		
	数据处理	正确记录各组分保留时间和量取的参数并正确计算峰面积	20		
		未正确记录各组分保留时间和量取的参数并正确计算峰面积	0		
安全与其他	合理支配时间 保持整洁、有序的工作环境 合理处理、排放废液 安全用电 正确记录原始数据 按时完成实验报告，并整洁有序		10		10%

📖 知识拓展

一、色谱分析法

俄国植物学家茨维特（Tswett）的一生致力于植物色素的分离与提纯工作。他在研究植物叶色素成分时将植物叶色素的石油醚提取液倾入一根装有颗粒碳酸钙吸附剂的竖直玻璃管中，并不断以纯净石油醚来冲洗柱子，使冲洗液自然流下。经过一段时间之后，他发现在玻璃管内形成了间隔明晰的不同颜色的谱带（即溶液中不同色素分离结果）。"色谱"因此得名，如图 3-12 所示。

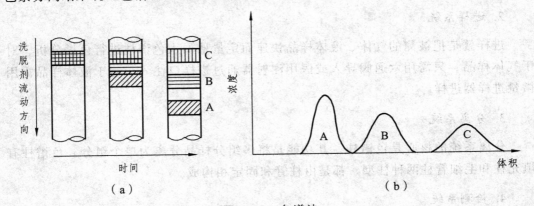

图 3-12 色谱法

在上述实验中，装在固定不动玻璃管内的碳酸钙，叫作固定相。用来淋洗色素的石油醚在不断流动，叫作流动相。流动相为气体的叫作气相色谱，流动相为液体的叫作液相色谱。

色谱分析法实质上是一种物理化学分离方法，即利用不同物质在两相（固定相和流动相）中具有不同作用力，当两相相对运动时，这些物质在两相中反复多次分配（即气-固色谱反复多次发生吸附、脱附；气-液色谱反复多次发生溶解、洗脱挥发过程）从而使各物质得以完全分离。

二、气相色谱仪的基本构成（图 3-13）

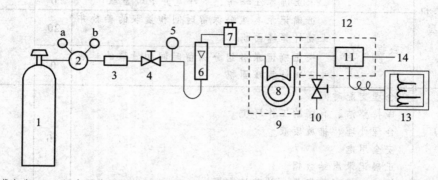

1—载气瓶；2—压力调节器（a—瓶压；b—输出压力）；3—净化器；4—稳压阀；5—柱前压力表；
6—转子流量计；7—进样器；8—色谱柱；9—色谱柱恒温箱；10—馏分收集口；
11—检测器；12—检测器恒温箱；13—记录器；14—尾气出口

图 3-13 气相色谱仪结构

1. 载气系统

载气是送样品进行分离的惰性气体，是气相色谱的流动相。常用的载气有氢气、氮气、氩气、氦气和空气。一般由相应的高压钢瓶供给，通过减压阀后输出压力为 0.1 ~ 0.5 MPa，经过净化和干燥后送入色谱仪。载气流量可用转子流量计计量，工作中需用皂膜流量计校准。

2. 进样系统

进样就是把被测的气体、液体样品快速而定量地加入色谱柱进行色谱分析，对于气体样品，只需用六通阀导入或医用注射器通过进样口注入；对于液体样品需用微量进样器进样。

3. 分离系统

分离系统的核心是色谱柱，其功能是将多组分样品分离为单个组分。色谱柱有填充柱和毛细管柱两种柱型，都是由柱管和固定相构成。

4. 检测系统

混合组分经色谱柱分离以后，按次序先后进入检测器。检测器的作用是将各组分在载气中的浓度变化转变为电信号，目前最常用的检测器为热导池和氢火焰检测器。

5. 温度控制系统

根据色谱分离条件，需要分别对气化室、色谱柱和检测器进行温度控制。

6. 记录或微机数据处理系统

由一台微型计算机上的专业软件实时控制色谱仪，并进行数据记录和处理的系统。

三、色谱图有关名词术语

色谱图是指色谱柱流出物通过检测系统时所产生的响应信号对时间或流动相流出体积的曲线图。

1. 基　线

当没有组分进入检测器时，色谱图是一条只反映仪器噪声随时间变化的曲线，称为基线；操作条件变化不大时，常可得到如同一条直线的稳定基线。

2. 色谱峰

当有组分进入检测器时，色谱图就会偏离基线，这时检测器输出信号随组分的浓度变化而改变，直至组分全部流出检测器，此时绘出的曲线就是色谱峰。

3. 保留值

保留值是用来描述各组分色谱峰在色谱图中的位置。在一定实验条件下，组分的保留值具有特征性，是气相色谱的定性参数。

（1）死时间（t_M）：指不被固定相吸附或溶解的气体，从进样开始到柱后出现浓度最大值所需的时间，如图 3-14 所示。

（2）保留时间（t_R）：从进样开始到色谱柱后出现待测组分信号最大值所需的时间，如图 3-14 所示。

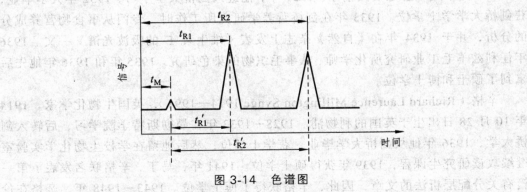

图 3-14　色谱图

（3）调整保留时间（t_R'）：指扣除死时间后的保留时间。

4. 峰高（h）

h 指色谱峰峰顶到基线的垂直距离，如图 3-15 所示。

5. 半峰宽（$W_{1/2}$）

在峰高为 $h_{1/2}$ 处的峰宽，称为半峰宽。常用符号 $W_{1/2}$ 表示，如图 3-15 所示。

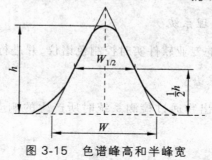

图 3-15　色谱峰高和半峰宽

6. 峰面积（A）

A 是指峰与基线延长线所包围的面积，其定量分析的依据是检测器响应信号的大小即色谱峰的峰面积 A 或峰高 h 与进入检测器某组分的质量 m（或浓度）成正比。

$$m = fA \quad （或 m = fh）\tag{3-1}$$

式中　f——校正因子；

　　　A——峰面积；

　　　h——峰高。

近似的面积测量方法还有

$$A = 1.065hW_{1/2}（适合对称峰）\tag{3-2}$$

 阅读材料

马丁（Archer John Porter Martin，1910—2002），英国分析化学家。于 1910 年 3 月 1 日出生英国伦敦一个书香门第，早年就读于著名的贝德福德学校。在学校，他的物理、化学成绩总是名列前茅。1929 年，他进入剑桥大学学习，1932 年大学毕业，获剑桥大学学士学位。1933 年在剑桥营养学研究所工作时，专门从事食物营养成分的分析，并于 1934 年在《自然》杂志上发表《维生素 E 的吸波光谱》一文。1936 年任利兹羊毛工业研究所化学师，从事毛织物的染色研究。1935 年和 1936 年他先后拿到了硕士和博士学位。

辛格（Richard Laurence Millington Synge 1914—1994），英国生物化学家。1914 年 10 月 28 日出生于英国的利物浦。1928—1933 年在曼彻斯特学院学习，后转入剑桥大学，1936 年他从剑桥大学毕业，获学士学位；然后他留在学校生物化学实验室继续攻读研究生课程，1939 年获得硕士学位。1941 年，马丁、辛格联名发表了第一篇有关分配层析法的文章，因此，辛格获得了博士学位。1943—1948 年，辛格在伦敦利斯特预防医学研究所工作。1948—1967 年任阿伯丁罗威特研究所蛋白质化学研究室主任。1950 年被选为英国皇家学会会员。是爱丁堡皇家学会、英国化学会、英国生物化学会、英国营养学会、法国生物化学会、美国生物化学家协会会员。1949

—1955年任《生物化学杂志》编委。1967年后任诺里奇食品研究所生物化学师。

1937年，马丁到剑桥大学与辛格共事。1938年，他们制成第一台液相色谱仪，但还有很大的缺陷。1940年，马丁改进设计出一台合用的分配色谱仪。1941年，他们联合发表了第一篇有关分配层析的文章。1943年，辛格离开利兹，但他还始终与马丁联系与合作，继续对分配层析法进行探索。1944年马丁等人在上述探索的基础上，用普通滤纸代替硅胶作为载体，获得了成功。

分配色谱法和纸色谱法的发明和推广极大地推动了化学研究，特别是有机化学和生物化学的发展，可以说是分析方法上一次了不起的革命。正是认识到这一意义，诺贝尔评奖委员会将1952年的诺贝尔化学奖授予了马丁和辛格。

目标检测

一、单选题

1. 俄国植物学家茨维特在研究植物色素的成分时所采用的色谱方法属于（　　　）。

  A. 气-液色谱   B. 气-固色谱

  C. 液-液色谱   D. 液-固色谱

2. 气相色谱图中，与组分含量成正比的是（　　　）。

  A. 保留时间   B. 相对保留值

  C. 峰宽   D. 峰面积

3. 在气固色谱中，样品中各组分的分离是基于（　　　）。

  A. 组分性质不同   B. 组分溶解度不同

  C. 组分在吸附剂上吸附能力的不同   D. 组分在吸附剂上脱附能力的不同

4. 在气-液色谱中，首先流出色谱柱的组分是（　　　）。

  A. 吸附能力大的   B. 吸附能力小的

  C. 挥发性大的   D. 溶解能力小的

5. 在气液色谱固定相中担体的作用是（　　　）。

  A. 提供大的表面涂上固定液   B. 吸附样品

  C. 分离样品   D. 脱附样品

6. 启动气相色谱仪时，若使用热导池检测器，有如下操作步步骤：1—开载气；2—气化室升温；3—检测室升温；4—色谱柱升温；5—开桥电流；6—开记录仪，下面哪个操作次序是绝对不允许的（　　　）。

  A. 2—3—4—5—6—1   B. 1—2—3—4—5—6

  C. 1—2—3—4—6—5   D. 1—3—2—4—6—5

二、填空题

1. 色谱图是指_____通过检测器系统时所产生的_____对_____或_____的曲线图。

2. 目前气相色谱最常用的检测器有 _____、_____。

三、判断题

1. 气相色谱填充柱的液担比越大越好。（   ）

2. 高压气瓶外壳不同颜色代表灌装不同气体，氧气钢瓶的颜色为深绿色，氢气钢瓶的颜色为天蓝色，乙炔气的钢瓶颜色为白色，氮气钢瓶颜色为黑色。（   ）

3. 当无组分进入检测器时，色谱流出曲线称色谱峰。（   ）

4. 每次安装了新的色谱柱后，应对色谱柱进行老化。（   ）

5. 接好色谱柱，开启气源，输出压力调在 0.2～0.4 MPa。关载气稳压阀，待 30 min 后，仪器上压力表指示的压力下降至小于 0.005 MPa，则说明此段不漏气。（   ）

6. 气相色谱分析结束后，先关闭高压气瓶和载气稳压阀，再关闭总电源。（   ）

7. 气相色谱中气化室的作用是用足够高的温度将液体瞬间气化。（   ）

四、简答题（可选做）

1. 气相色谱由哪几个系统组成？各个系统的作用是什么？

2. 如何制备气液填充色谱柱？

3. 色谱柱老化的目的是什么？

项目三　气相色谱定性分析

任务驱动

　　色谱分析法具有高的分离效能，特别是毛细管色谱柱的发展，可在很短的时间内分离极复杂的混合物。随着分离技术的提高和高灵敏度检测器的使用，色谱分析法的另一个重要功能分析也快速发展起来，就是得到被测物的定性或定量结果。

培养目标

（1）记忆掌握不同检测器的开机顺序；

（2）了解苯系物的气相色谱分离分析方法；

（3）掌握一种气相色谱的定性方法；

（4）能正确识别色谱峰的基线、峰高、半峰宽，并正确量取，会计算色谱峰的峰面积；

（5）掌握归一化定量方法；

（6）熟练掌握微量进样器的进样技术。

任务一　实验准备和试剂配制

准备仪器

SC-3A 型气相色谱仪、SC-200 型气相色谱仪或 GC-7900 型气相色谱仪，10 μL 微量进样器，GDX-104 合成固定相色谱柱毛细管色谱柱（20 m）。

准备试剂

纯物质苯、甲苯、乙苯，蒸馏水和纯物质甲醇；
苯和甲苯的混合物、水和甲醇的混合物。

任务二　混合样品和纯物质保留时间测定

活动一　气相色谱仪的开机

气相色谱仪气路检查后，按照表 3-6 操作条件开机（按照不同检测器选择开机顺序）。

表 3-6　色谱仪操作条件

色谱操作条件		TCD	FID
载气		氢气（或氮气）	氮气
载气流量（不分流）/（mL/min）		20	25
载气流速（分流）/（mL/min）	载气流量		2
	分流流量		2
	尾吹流量		1
氢气流速/（mL/min）			25
空气流速/（mL/min）			250
柱温/℃		95	90
气化室温度/℃		130	130
检测器温度/℃		120	200
热导池检测器桥电流/mA		60	

活动二　纯物质保留时间测定

待仪器电路和气路系统达到平衡，记录仪基线平直时，正确进样纯物质苯、甲苯、水和甲醇，分别记录它们的保留时间。

活动三　混合未知样品各组分保留时间测定

用 10 μL 微量进样器正确抽取 1 μL 的样品进样，等待出峰，并记录样品中各色谱峰的保留时间。

实验完毕后，清洗进样器。

活动四　记录与处理实验数据

表 3-7　色谱仪操作条件原始记录

分析者：_____　班级：_____　学号：_____　分析日期：____年____月____日

色谱操作条件		TCD	FID
载气			
载气流量（不分流）/（mL/min）			
载气流速（分流）/（mL/min）	载气流量		
	分流流量		
	尾吹流量		
氢气流速/（mL/min）			
空气流速/（mL/min）			
柱温/°C			
气化室温度/°C			
检测器温度/°C			
热导池检测器桥电流/mA			

表 3-8　纯物质谱图原始记录

纯物质保留时间记录					
纯物质名称	1			2	
	苯	甲苯	乙苯	水	甲醇
保留时间/min					

表 3-9　样品谱图原始记录

样品名称	样品 A			样品 B		
色谱峰号	1	2	3	1	2	3
保留时间						
定性结果						

任务三　气相色谱仪关机

热导池检测器（TCD）应该先关检测器桥流，将各部温度降至室温后，再关闭主机电源，最后关闭载气；氢火焰检测器（FID）先关闭氢气和空气，待火焰熄灭后，将各部温度降至室温，再关闭主机电源，最后关闭载气。填写仪器使用记录，做好实验室整理和清洁工作，并进行安全检查后，才可以离开实验室。

项目四 气相色谱归一化法定量

任务驱动

色谱分析法具有高的分离效能，特别是毛细管色谱柱的发展，可在很短的时间内分离极复杂的混合物。随着分离技术的提高和高灵敏度检测器的使用，色谱分析法的另一个重要功能分析也快速发展起来，就是得到被测物的定性或定量结果。

培养目标

（1）记忆掌握不同检测器的开机顺序；
（2）了解苯系物的气相色谱分离分析方法；
（3）能正确识别色谱峰的基线、峰高、半峰宽，并正确量取，会计算色谱峰的峰面积；
（4）掌握归一化定量方法；
（5）熟练掌握微量进样器的进样技术。

任务一 实验仪器准备和试剂配制

准备仪器

SC-3A 型气相色谱仪、SC-200 型气相色谱仪或 GC-7900 型气相色谱仪，10 μL 微量进样器，GDX-104 合成固定相色谱柱毛细管色谱柱（20 m）。

准备试剂

苯和甲苯的混合物、水和甲醇的混合物。

任务二　待测混合样品进样和谱图采集

活动一　气相色谱仪的开机

气相色谱仪气路检查后，按照表 3-10 操作条件开机（按照不同检测器选择开机顺序）。

表 3-10　色谱仪操作条件

色谱操作条件		TCD	FID
载气		氢气（或氮气）	氮气
载气流量（不分流）/（mL/min）		20	25
载气流速（分流）/（mL/min）	载气流量		2
	分流流量		2
	尾吹流量		1
氢气流速/（mL/min）			25
空气流速/（mL/min）			250
柱温/℃		95	90
气化室温度/℃		130	130
检测器温度/℃		120	200
热导池检测器桥电流/mA		60	

活动二　进样和谱图采集

待仪器电路和气路系统达到平衡，记录仪基线平直时，用微量进样器正确抽取一定量的样品进样，等待出峰，并记录样品中各色谱峰的保留时间。实验完毕后，清洗进样器。

注　意

（1）要求所有组分都要出峰，且要有各组分相对同一个物质的相对校正因子。

（2）本任务的样品属于同系物，可忽略相对质量校正因子，在"知识拓展"中具体介绍。

活动三 记录与处理实验数据

1. 原始记录

表 3-11 色谱仪操作条件原始记录

分析者：_____ 班级：_____ 学号：_____ 分析日期：____年____月____日

气相色谱仪条件			
样品名称：			样品编号：
仪器名称：		仪器型号：	仪器编号：
检测器		TCD	FID
载气			
载气流量（不分流）/（mL/min）			
载气流速（分流）/（mL/min）	载气流量		
	分流流量		
	尾吹流量		
氢气流速/（mL/min）			
空气流速/（mL/min）			
柱温/℃			
气化室温度/℃			
检测器温度/℃			
热导池检测器桥电流/mA			

表 3-12 样品谱图原始记录

归一化法定量									
样品	峰序号	保留时间	组分名称	峰高 h /mm	半峰宽 $W_{1/2}$/mm	峰面积 A/mm^2	相对质量校正因子 $f'_{i/s}$ 平均值	试样含量结果平均值/%	相对偏差/%
样品 A	1								
	2								
样品 B	1								
	2								

2. 结果计算

（1）各色谱峰的面积计算：

$$A = 1.065hW_{1/2}$$

（2）归一化法计算：

$$w_i(\%) = \frac{f'_{i/s}A_i}{\sum\limits_{i=1}^{n} f'_{i/s}A} \times 100$$

任务三　气相色谱仪关机

热导池检测器（TCD）应该先关检测器桥流，将各部温度降至室温后，再关闭主机电源，最后关闭载气；氢火焰检测器（FID）先关闭氢气和空气，待火焰熄灭后，将各部温度降至室温，再关闭主机电源，最后关闭载气。填写仪器使用记录，做好实验室整理和清洁工作，并进行安全检查后，才可以离开实验室。

任务四　实验过程和结果评价

实验过程和结果按照表 3-13 评分：

表 3-13　过程和结果评价

操作要求	鉴定范围	鉴定内容	分值	得分	鉴定比例
操作技能	基本操作技能	微量进样器的使用（润洗、排气泡、取样）	5		20%
		正确的进样方法（右手持针、左手护针）	3		
		正确区分气相色谱的检测器（热导池和氢火焰检测器）	2		
		正确叙述热导池检测器的气相色谱仪和氢火焰检测器的气相色谱仪的开关机顺序	5		
		正确识别色谱图（基线，峰高、半峰宽）	3		
		正确记录色谱仪的气化室、柱箱、检测器的温度、	2		
仪器使用与维护	设备的使用与维护	正确认识使用减压阀	5		30%
		正确认识使用汽化室	5		
		正确认识使用色谱柱	5		
		正确认识调节热导池检测器的桥电流和载气流速、氢火焰检测器的氢气和空气流速	5		
		正确认识使用温度控制系统	5		
		正确认识使用记录仪	5		

续表

操作要求	鉴定范围	鉴定内容	分值	得分	鉴定比例
数据记录和结果处理	色谱图的处理	正确标注峰高、半峰宽并准确量取	20		40%
		未正确标注，但有量取数据	10		
		未正确标注峰高、半峰宽并准确量取	0		
	数据处理	正确计算峰面积并计算结果,相对误差＜1%	20		
		正确计算峰面积并计算结果,相对误差≥1%	0		
安全与其他	合理支配时间 保持整洁、有序的工作环境 合理处理、排放废液 安全用电 正确记录原始数据 按时完成实验报告，并整洁有序		10		10%

■■ 知识拓展

色谱分析法的定性定量分析

1. 定性分析

气相色谱定性分析的目的是确定每个色谱峰代表什么组分，在分析之前对样品来源、分析目的、有何用途等进行了了解，以便能估计大致组成，然后确定分离条件和定性，定量方法。目前主要根据色谱峰保留值定性，它利用已知物直接对照定性。是一种简单可靠的定性方法，其定性的依据是：在一定的柱条件（柱长、固定相）、操作条件下，组分有固定的保留值。在具有已知标准物质情况下，常使用这种定性方法。

2. 定量分析

色谱分析法的重要作用之一是对样品定量。

色谱定量的依据是：组分的质量或在载气中的浓度与检测器的响应信号成正比。

$$m = fA \quad (\text{或} \ m = fh)$$

式中　f——校正因子；

　　　A——峰面积；

　　　h——峰高。

色谱分析中，同一含量的不同物质，由于其物理、化学性质的差异，即使在同一检测器上产生的信号大小也不同，直接用响应信号定量，会产生较大误差，因此提出了定量校正因子。校正因子是对信号加以校正，校正后的峰面积（峰高）可定量的代表物质的含量。

（1）绝对校正因子。指某组分 i 通过检测器的量与检测器对该组分响应信号之比。

$$f_i = m_i / A_i \text{ 或 } f_i = w_i(\%) / A_i$$

$$f_i = m_i / h_i \text{ 或 } f_i = w_i(\%) / h_i \tag{3-3}$$

式中　f_i——组分 i 的绝对校正因子；

　　　A_i——组分 i 的峰面积；

　　　h_i——组分 i 的峰高；

　　　m_i——组分通过检测器的量（质量、物质的量或质量分数）。

（2）相对质量校正因子。是指组分 i 与另一标准物质 s 的绝对校正因子之比，用 $f_{i/s}$ 表示。

$$f'_{i/s} = \frac{f_i}{f_s} = \frac{m_i A_s}{m_s A_i} \text{ 或 } f''_{i/s} = \frac{m_i h_s}{m_s h_i} \tag{3-4}$$

式中　$f'_{i/s}$——峰面积相对质量校正因子；

　　　$f''_{i/s}$——峰高相对质量校正因子；

　　　f_i——组分 i 的绝对校正因子；

　　　f_s——组分 s 的绝对校正因子；

　　　A_i——组分 i 的峰面积；

　　　A_s——组分 s 的峰面积；

　　　m_i——组分 i 通过检测器的量（质量、物质的量或质量分数）；

　　　m_s——组分 s 通过检测器的量（质量、物质的量或质量分数）。

（3）色谱峰归一化是定量气相色谱最常用又较准确的方法。

$$w_i(\%) = \frac{f'_{i/s} A_i}{\sum_{i=1}^{n} f'_{i/s} A} \times 100 \tag{3-5}$$

目标检测

一、单选题

1. 气相色谱定性参数有（　　）。

　　A. 保留值　　　　　　　　　　　　B. 相对保留值

　　C. 保留指数　　　　　　　　　　　D. 峰高或峰面积

2. 气相色谱定量的参数有（　　）。

　　A. 保留值　　　　　　　　　　　　B. 相对保留值

　　C. 保留指数　　　　　　　　　　　D. 峰高或峰面积

3. 色谱分析中，归一化法的优点是（　　）。

　　A. 不需准确进样　　　　　　　　　B. 不需校正因子

　　C. 不需定性　　　　　　　　　　　D. 不用标样

4. 气相色谱中进样量过大会导致（　　　）。

    A. 有不规则的基线波动　　　　　　　B. 出现额外峰

    C. FID 熄火　　　　　　　　　　　　D. 基线不回零

5. FID 点火前需要加热至 100 ℃的原因是（　　　）。

    A. 易于点火　　　　　　　　　　　　B. 点火后为不容易熄灭

    C. 防止水分凝结产生噪音　　　　　　D. 容易产生信号

6. 气相色谱图中，与组分分含量成正比的是（　　　）。

    A. 保留时间　　　　　　　　　　　　B. 相对保留值

    C. 基线　　　　　　　　　　　　　　D. 峰面积

7. 气相色谱分析仪器中，载气的作用是（　　　）。

    A. 携带样品，流经气化室、色谱柱、检测器、以便完成对样品的分离和分析

    B. 与样品发生化学反应，流经气化室、色谱柱、检测器、以便完成对样品
      的分离和分析

    C. 溶解样品，流经气化室、色谱柱、检测器、以便完成对样品的分离和分析

    D. 吸附样品，流经气化室、色谱柱、检测器、以便完成对样品的分离和分析

8. 某人用气相色谱测定一定有机试样，该试样为纯物质，但用归一化法测定的结果却为含量的 60%，其最可能的原因为（　　　）。

    A. 计算错误　　　　　　　　　　　　B. 试样分解为多个峰

    C. 固定液流失　　　　　　　　　　　D. 检测器损坏

9. 色谱峰在色谱图中的位置用（　　　）来说明。

    A. 保留值　　　　　　　　　　　　　B. 峰高

    C. 峰宽　　　　　　　　　　　　　　D. 灵敏度

二、判断题

1. 气相色谱定性分析中，在适宜色谱条件下标准物与未知物保留时间一致，则可以肯定两者为同一物质。（　　　）

2. 气相色谱分析时进样时间应控制在 1 s 以内。（　　　）

3. 气相色谱对试样组分的分离是物理分离。（　　　）

4. 在色谱图中，采用归一化方法进行定量分析时，对进样操作要求必须严格控制一致。（　　　）

5. 根据分离原理分类，气相色谱主要分为气-液色谱与气-固色谱。（　　　）

三、简答题（可选做）

1. 使用 FID 检测器时，应如何调试仪器至正常状态，如果火点不着将如何处理，若中途突遇停电，如何处理？

2. 实验完毕后，根据不同检测器，应如何关机？

3. 色谱定性的依据是什么？有标准样时，常有什么方法定性？

4. 归一化法对试样的进样量的准确性有无严格的要求？

项目五 苯中甲苯含量的测定

任务驱动

内标法定量是气相色谱定量的主要方法之一，选择的标准物（内标物）是关键，它不能与试样组分发生反应且不能是组分中含有的物质。首先测出各被测组分对标准物质（内标物）的相对质量校正因子，再在相同条件下将标准物质（内标物）加入试样中，根据待测组分的峰面积（或峰高）和参比物的峰面积（或峰高）及稀释倍数计算出待测组分的含量。

> **培养目标**
>
> （1）进一步熟悉不同检测器的开机顺序；
> （2）能熟练说出气相色谱仪的结构（六大系统）及汽化室、色谱柱、检测器的作用；
> （3）能正确识别色谱峰的基线、峰高、半峰宽，并正确量取，会计算色谱峰的峰面积；
> （4）掌握相对质量校正因子的测定和计算；
> （5）掌握气相色谱内标法定量；
> （6）了解苯系物（醇系物）的气相色谱分离分析方法。

任务一 仪器准备和试剂配制

准备仪器

SC-3A 型气相色谱仪、SC-200 型气相色谱仪或 GC-7900 型气相色谱仪，分析天平（0.1 mg）10 μL 微量进样器，1 μL 微量进样器，DNP 填充柱，GDX-104 合成固定相色谱柱，毛细管色谱柱（20 m），具橡胶塞小玻璃瓶。

 准备试剂

纯物质苯、甲苯、乙苯；
苯和甲苯的混合物。

任务二 相对质量校正因子的测定

活动一 气相色谱仪开机

气相色谱仪气路检查后，按照试样特性选择适当的色谱操作条件并开机预热（按照不同检测器选择开机顺序）。

活动二 标准样品配制和校正因子测定

待仪器电路和气路系统达到平衡，记录仪基线平直后，取一干燥洁净的小玻璃瓶（具橡胶塞，如小青霉素瓶），准确滴加入纯物质乙苯（s 物质）0.3 g（约 20 滴）左右，再准确加入相近质量的纯物质甲苯（i 物质）于同一瓶中，摇匀，进样，出峰，按照色谱工作站软件处理相对校正因子（也可以选择合适溶剂，如正己烷等稀释后进样）。

活动三 记录与处理实验数据

1. 记录色谱操作条件和谱图数据

表 3-14 色谱仪操作条件记录

分析者：_____ 班级：_____ 学号：_____ 分析日期：___年___月___日

气相色谱仪条件		
样品名称：		样品编号：
仪器名称：	仪器型号：	仪器编号：
检测器	TCD	FID
载气		
载气流量（不分流）/（mL/min）		
载气流速（分流）/（mL/min） 载气流量		
分流流量		
尾吹流量		
氢气流速/（mL/min）		
空气流速/（mL/min）		
柱温/℃		
气化室温度/℃		
检测器温度/℃		
热导池检测器桥电流/mA		

表 3-15　相对质量校正因子谱图原始记录

相对质量校正因子的测定								
测定次数	组分名称	质量	峰高 h /mm	半峰宽 $W_{1/2}$/mm	峰面积 A/mm²	相对质量校正因子 $f'_{i/s}$	相对质量校正因子 $f'_{i/s}$ 平均值	相对偏差/%
1	甲苯							
	乙苯							
2	甲苯							
	乙苯							
3	甲苯							
	乙苯							

2. 数据处理

相对质量校正因子的计算（乙苯为基准物质）：

$$f'_{i/s}=\frac{m_i A_s}{m_s A_i}=\frac{m_{甲苯} A_{乙苯}}{m_{乙苯} A_{甲苯}} \tag{3-6}$$

任务三　未知试样的测定

活动一　未知试样的配制和谱图采集

取一干燥洁净的小玻璃瓶（具橡胶塞，如小青霉素瓶），准确滴加入试样 0.5 g 左右，再准确加入乙苯 0.2 g 左右（内标物，约 10 滴）于同一瓶中，摇匀，进样，出峰，按照色谱工作站内标法定量操作得到未知物含量（也可以选择合适溶剂，如正己烷等稀释后进样）。

> **注　意**
>
> （1）观察试样的出峰顺序，同样条件下用已知纯物质对照确定组分名称（特别是加入溶剂后）。
>
> （2）做校正因子时和试样时仪器操作条件要一致，进样量可以不一致。
>
> （3）氢气是一种危险气体，使用中按照要求规范操作，色谱实验室通风良好。
>
> （4）实验中防止高温烫伤。

活动二　记录与处理实验数据

1. 记录色谱图数据

表 3-16　内标法试样测定谱图原始记录

试样峰序号	测定次数	保留时间	组分名称	峰高 h /mm	半峰宽 $W_{1/2}$/mm	峰面积 A/mm²	相对质量校正因子 $f'_{i/s}$平均值	试样含量结果平均值%	相对偏差/%
						单点内标法定量			
				试样质量/g:			内标物（标准物）质量/g:		
1	1								
	2								
	3								
2	1								
	2								
	3								
3	1								
	2								
	3								

2. 数据处理

试样中待测组分含量计算（乙苯为基准物质）：

$$w_i(\%) = \frac{m_s A_i}{m_{样} A_s} \times f'_{i/s} \times 100 = \frac{m_{乙苯} A_{甲苯}}{m_{样} A_{乙苯}} \times f'_{甲苯/乙苯} \times 100 \qquad (3\text{-}7)$$

任务四　气相色谱仪关机

热导池检测器（TCD）应该先关检测器桥流，将各部温度降至室温后，再关闭主机电源，最后关闭载气；氢火焰检测器（FID）先关闭氢气和空气，待火焰熄灭后，将各部温度降至室温，再关闭主机电源，最后关闭载气。填写仪器使用记录，做好实验室整理和清洁工作，并进行安全检查后，才可以离开实验室。

任务五　实验过程和结果评价

实验过程和结果按照表 3-17 评分：

表 3-17　过程和结果评价

操作要求	鉴定范围	鉴定内容	分值	得分	鉴定比例
操作技能	基本操作技能	微量进样器的使用（润洗、排气泡、取样）	5		20%
		正确的进样方法（右手持针、左手护针）	3		
		正确区分气相色谱的检测器（热导池和氢火焰检测器）	2		
		正确叙述热导池检测器的气相色谱仪和氢火焰检测器的气相色谱仪的开关机顺序	5		
		正确识别色谱图（基线，峰高、半峰宽）	3		
		正确记录色谱仪的气化室、柱箱、检测器的温度、	2		
仪器使用与维护	设备的使用与维护	正确认识使用减压阀	5		20%
		正确认识使用汽化室	3		
		正确认识使用色谱柱	2		
		正确认识调节热导池检测器的桥电流和载气流速、氢火焰检测器的氢气和空气流速	5		
		正确认识使用温度控制系统	2		
		正确认识使用记录仪	3		
数据记录和结果处理	色谱图的处理	正确标注峰高、半峰宽并准确量取	20		50%
		未正确标注，但有量取数据	10		
		未正确标注峰高、半峰宽并准确量取	0		
	数据处理	正确计算相对质量校正因子，相对误差≤1%	30		
		正确计算相对质量校正因子，1%＜相对误差≤5%	20		
		正确计算相对质量校正因子，相对误差＞5%	0		
		正确计算试样结果，相对误差≤1%	10		
		正确计算试样结果，1%＜相对误差≤5%	5		
		正确计算试样结果，相对误差＞5%	0		
安全与其他	合理支配时间 保持整洁、有序的工作环境 合理处理、排放废液 安全用电 正确记录原始数据 按时完成实验报告，并整洁有序		10		10%

项目六　白酒中风味组分含量测定

任务驱动
当试样组分不能全部出峰或不需要全部出峰时，可以用内标法定量。这是一种常有且较准确的定量方法。选择适宜组分作为欲测组分的参比物（内标物），加入试样中，根据欲测组分的峰面积（或峰高）和参比物的峰面积（或峰高）成正比的关系计算出欲测组分的含量。

培养目标

（1）进一步熟悉不同检测器的开机顺序；
（2）能熟练说出气相色谱仪的结构（六大系统）及汽化室、色谱柱、检测器的作用；
（3）能正确识别色谱峰的基线、峰高、半峰宽，并正确量取，会计算色谱峰的峰面积；
（4）掌握相对质量校正因子的测定和计算；
（5）掌握气相色谱内标法定量。

任务一　仪器准备和试剂调配

准备仪器

SC-3A 型气相色谱仪、SC-200 型气相色谱仪或 GC-7900 型气相色谱仪（程序升温），10 μL 微量进样器，酒分析填充柱色谱柱，酒分析毛细管色谱柱（20 m）。

准备试剂

纯物质（GC）乙酸乙酯、乙酸正戊酯、乳酸乙酯、β-苯乙醇、乙醇，白酒试样，乙醇溶液（体积分数 60%）

任务二　相对质量校正因子的测定

活动一　气相色谱仪开机

气相色谱仪气路检查后，按照表 3-18 操作条件开机。

表 3-18　色谱仪操作条件

色谱操作条件		毛细管柱	填充柱
载气		氮气	氮气
载气流量（不分流）/（mL/min）			140
载气流速（分流）/（mL/min）	载气流量	0.5~1.0	
	分流流量比	37：1	
	尾吹流量	20~30	
氢气流速/（mL/min）		40	40
空气流速/（mL/min）		400	400
气化室温度/℃		220	150
检测器温度/℃		220	150
柱温/℃		起始温度 60 ℃，恒温 3 min，以 3.5 ℃/min 程序升温至 180 ℃，继续恒温 10 min。	90

活动二　标准溶液配制

取 100 mL 洁净干燥的容量瓶 4 个，分别准确加入纯物质乙酸乙酯、乙酸正戊酯、乳酸乙酯、β-苯乙醇 2.00 mL，再用乙醇水溶液（体积分数 60%）稀释至刻度，摇匀，此时各溶液的浓度为 2%（体积分数），其中乙酸正戊酯为标准物（内标物）；准确移取上述乙酸乙酯、乳酸乙酯、β-苯乙醇三种溶液 1.00 mL 分别于三个洁净干燥的 100 mL 容量瓶中，再分别加入内标物——乙酸正戊酯溶液 1.00 mL，然后用乙醇水溶液（体积分数 60%）稀释至刻度，摇匀，此时溶液中乙酸乙酯、乳酸乙酯、β-苯乙醇和内标物浓度都为 0.02%，用做色谱分析进样溶液。

活动三　标准样品进样和谱图采集

待仪器电路和气路系统达到平衡，记录仪基线平直后，进样，出峰。重复性条件下测定三次。

活动四　记录与处理实验数据

1. 原始记录

表 3-19　色谱仪操作条件原始记录

分析者：_____　班级：_____　学号：_____　分析日期：___年___月___日

色谱操作条件	毛细管柱	填充柱
载气		
载气流量（不分流）/（mL/min）		

续表

色谱操作条件		毛细管柱	填充柱
载气流速（分流）/（mL/min）	载气流量		
	分流流量比		
	尾吹流量		
氢气流速/（mL/min）			
空气流速/（mL/min）			
气化室温度/°C			
检测器温度/°C			
柱温/°C			

表 3-20 样品谱图原始记录

相对质量校正因子的测定				备注
组分	质量或浓度	峰面积 A/mm^2	相对质量校正因子 $f'_{i/s}$	
1	乙酸乙酯			
	乙酸正戊酯			
2	乳酸乙酯			
	乙酸正戊酯			
3	β-苯乙醇			
	乙酸正戊酯			

2. 结果计算

（1）各色谱峰的面积计算

$$A = 1.065hW_{1/2}$$

（2）相对质量校正因子计算

$$f'_{i/s} = \frac{w_i A_s}{w_s A_i}$$

式中　w_i——测定相对质量校正因子时待测组分 i 的体积分数；

w_s——测定相对质量校正因子时内标物 s 的体积分数；

A_i——测定相对质量校正因子时待测组分 i 的峰面积；

A_s——测定相对质量校正因子时内标物 s 的峰面积。

任务三 试样测定

活动一 试样测定

准确吸取样品 10.00 mL 于 10 mL 容量瓶中，加入 2%（体积比）内标物溶液 0.1 mL，混匀后，再与相对质量校正因子相同色谱条件下进样，根据保留时间确定乙酸乙酯、乳酸乙酯、β-苯乙醇的位置。同性条件下重复测定 2 次。

活动二 记录与处理实验数据

1. 记录色谱图数据

表 3-21 白酒中风味组分测定原始记录

日期		白酒中风味组分内标法定量							
		试样体积/mL：				2%内标物（标准物）体积/mL：			
试样峰序号	测定次数	保留时间	组分名称	峰高 h /mm	半峰宽 $W_{1/2}$/mm	峰面积 A/mm²	相对质量校正因子 $f'_{i/s}$ 平均值	试样含量/%	相对偏差/%
1	1								
	2								
2	1								
	2								
3	1								
	2								
4	1								
	2								

2. 结果计算

（1）各色谱峰的面积计算

$$A = 1.065hW_{1/2}$$

（2）试样结果含量（体积分数）计算：

$$w_i(\%) = \frac{w_s V_s A'_i}{V_{样} A'_s} \times f'_{i/s} \times 100 \qquad (3\text{-}8)$$

式中　w_i——测定试样时待测组分 i 物质的体积分数；

　　　w_s——测定试样时加入内标物 s 的体积分数；

　　　V_s——测定试样时加入内标物 s 的体积 mL；

$V_{样品}$——测定试样时移取试样溶液的体积 mL；

A_i'——测定试样时待测组分 i 的峰面积；

A_s'——测定试样时内标物 s 的峰面积。

任务四　气相色谱仪关机

氢火焰检测器（FID）先关闭氢气和空气，待火焰熄灭后，将各部温度降至室温，再关闭主机电源，最后关闭载气。热导池检测器（TCD）应该先关检测器桥流，将各部温度降至室温后，再关闭主机电源，最后关闭载气；填写仪器使用记录，做好实验室整理和清洁工作，并进行安全检查后，才可以离开实验室。

任务五　　实验过程和结果评价

实验过程和结果按照表 3-22 评分：

表 3-22　过程和结果评价

操作要求	鉴定范围	鉴定内容	分值	得分	鉴定比例
操作技能	基本操作技能	微量进样器的使用（润洗、排气泡、取样）	5		20%
		正确的进样方法（右手持针、左手护针）	3		
		正确区分气相色谱的检测器（热导池和氢火焰检测器）	2		
		正确叙述热导池检测器的气相色谱仪的和氢火焰检测器的气相色谱仪开关机顺序	5		
		正确识别色谱图（基线，峰高、半峰宽）	3		
		正确记录色谱仪的气化室、柱箱、检测器的温度、	2		
仪器使用与维护	设备的使用与维护	正确认识使用减压阀	5		30%
		正确认识使用汽化室	5		
		正确认识使用色谱柱	5		
		正确认识调节热导池检测器的桥电流和载气流速、氢火焰检测器的氢气和空气流速	5		
		正确认识使用温度控制系统	5		
		正确认识使用记录仪	5		
数据记录和结果处理	色谱图的处理	正确标注峰高、半峰宽并准确量取	20		40%
		未正确标注，但有量取数据	10		
		未正确标注峰高、半峰宽并准确量取	0		

续表

操作要求	鉴定范围	鉴定内容	分值	得分	鉴定比例
数据记录和结果处理	数据处理	正确计算结果，两次独立计算结果的绝对差值，不得超过平均值的 5%	20		
		正确计算结果，两次独立计算结果的绝对差值，超过平均值的 5%	0		
安全与其他		合理支配时间 保持整洁、有序的工作环境 合理处理、排放废液 安全用电 正确记录原始数据 按时完成实验报告，并整洁有序	10		10%

📖 知识拓展

一、检测器

1. 检测器概述

检测器是气相色谱仪的重要部件，其功能是将经色谱柱分离后各组分量的变化转换成易测量的电信号，然后记录或显示出来。根据输出信号记录方式的不同，检测器有积分型和微分型两类。积分型检测器给出的信号是色谱柱后各组分浓度叠加的总和，色谱图为台阶形，灵敏度低，不能显示出保留时间，现已很少使用。微分型检测器给出的信号是分离后各组分浓度的瞬间变化，所得色谱图为峰形，目前使用的检测器大部分是微分型的。根据检测原理的不同，微分型检测器又分为浓度型和质量型两种。浓度型检测器测量的是载气组分浓度瞬间的变化，即检测器的响应值正比于载气中组分的浓度，常用的有热导池、电子捕获检测器等。质量型检测器测量的是载气中所携带试样进入检测器的速度变化，即检测器的响应值正比于单位时间内组分进入检测器的质量，常用的有氢火焰、火焰光度和氮磷检测器等。

2. 检测器的灵敏度和敏感度

（1）浓度型检测器灵敏度用公式（3-9）计算

$$s_g = \frac{Au_1F_0}{u_2m} \tag{3-9}$$

式中　s_g——灵敏度，mV·mL/mg；

A——某组分色谱图峰面积，cm^2；

u_1——记录仪灵敏度，mV/cm；

u_2——记录仪走纸速度，cm/min；

m——样品质量，mg；

F_0——柱后流速，mL/min。

（2）质量型检测器灵敏度用公式（3-10）计算

$$s_t = \frac{60u_1A}{u_2m}$$ （3-10）

式中　s_t——灵敏度，mV·s/g；

　　　A——某组分色谱图峰面积，cm²；

　　　u_1——记录仪灵敏度，mV/cm；

　　　u_2——记录仪走纸速度，cm/min；

　　　m——样品质量，g。

（3）敏感度是将产生两倍噪声（由于各种偶然因素引起的基线起伏）信号时，单位体积的载气或单位时间内进入检测器的组分量。用公式（3-11）表示

$$D = \frac{2N}{S}$$ （3-11）

二、气相色谱的定量方法

除了归一化法外，还有内标法和外标法

1. 内标法定量

内标法是一种常用且准确的定量方法。若试样中所有组分不能或不需要全部流出色谱峰，可以将一定量选定的标准样物质（内标物 s）加入一定量的试样中，混合均匀后，在一定色谱操作条件下，进样，出峰。按公式（3-12）计算组分 i 的含量。

$$w_i = \frac{m_i}{m_样} \times 100\% = \frac{m_s A_i}{m_样 A_s} \times f'_{i/s} \times 100\%$$ （3-12）

式中　$f'_{i/s}$——相对质量校正因子，由实验测定。

对内标物的要求：试样中原来不存在的物质，且不能与样品或固定相发生反应；能与样品完全互溶；与样品组分很好的分离，又比较接近；加入内标的量要接近被测组分的含量；要准确称量。

2. 外标法定量

又称校正曲线法。用已知纯物质配成不同浓度的标准样进行试验，测量各种浓度下对应的峰高或峰面积，绘制响应信号——百分含量标准曲线。分析时，进入同样体积的分析样品，从色谱图上测出面积或峰高，从校正曲线上查出其百分含量。有时用单点校正法来分析。即配制一个和被测组分含量十分接近的标准样，定量进样，根据组分 i 的已知含量 m_s 可计算求出绝对校正因子 f_i。在相同操作条件下，注入与标准样相同体积的样品，测出被测组分的峰高（或峰面积），即可根据公式（3-13）计算出被测组分的含量。

$$w_i = f_i \times A_i \times 100\%$$ （3-13）

式中　f_i——绝对质量校正因子，由实验测定。

外标法计算比较简单，操作也很方便，只是需要准确的进样量（测绝对校正因子和试样时）。

【例1】　用内标法测定环氧丙烷中的水分含量，选取内标物为甲醇。准确称取 0.0115 g 甲醇，加到 2.2679 g 样品中，基线色谱分析，得到色谱峰量取水峰高 150 mm，半峰宽 1.5 mm，甲醇峰高 174 mm，半峰宽 1 mm。已知水和内标物甲醇的相对质量校正因子为 0.55，计算水分的百分含量。

解：$w_i = \dfrac{m_s A_i}{m_{样} A_s} \times f'_{i/s} \times 100\%$ ，$A = 1.065 h W_{1/2}$ 可得

$$w_i = \frac{0.0115 \times 1.065 \times 150 \times 1.5}{2.2679 \times 1.065 \times 174 \times 1} \times 0.55 \times 100\%$$
$$= 0.36\%$$

技能拓展

某色谱品牌色谱工作站使用

1. 分析标样

（1）设置待分析的样品

点击"做样框"中样品名选项框右边的"新建"按钮，或点击"样品设置"菜单中的"新建"项，弹出"新建样品"向导对话框。然后：

① 给定样品名（本例中为"Y"），设定（或确认）相关属性，点击"下一步"，如图 3-16 所示。

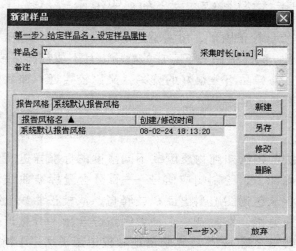

图 3-16　新建样品

② 选定或新建方法：点击"新建"，然后输入方法名为"Y"，点击"下一步"，如图 3-17 所示。

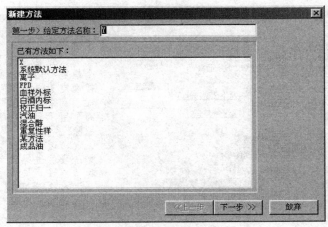

图 3-17　新建方法

设定"定量参数",点击"下一步",如图 3-18 所示。

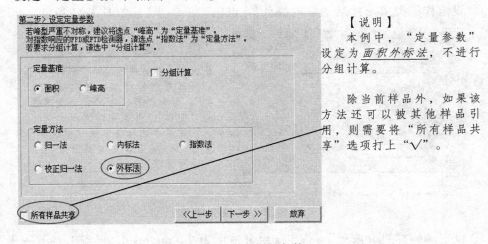

【说明】

本例中,"定量参数"设定为*面积外标法*,不进行分组计算。

除当前样品外,如果该方法还可以被其他样品引用,则需要将"所有样品共享"选项打上"√"。

图 3-18　定量参数

设定"组分表"(请务必输入组分名 a,其他栏目可以暂不输入),如图 3-19 所示。

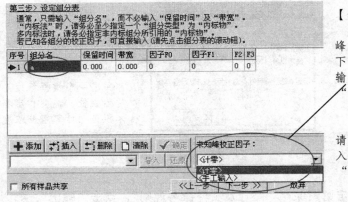

【说明】

如果需要指定未知峰校正因子,请在相应下拉框中选择"<手工输入>",否则,将按"<计零>"处理。

若包含多个组分,请点击"添加"或"插入"增加组分行,点击"删除"可删除组分行。

图 3-19　组分表

设定"积分参数"（通常只需简单地点击"下一步"），如图 3-20 所示。

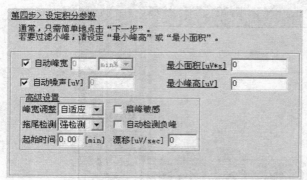

【说明】

"峰宽"及"噪声"是两个最重要的积分参数，通常只需设定为自动即可。

"最小面积"及"最小峰高"用于剔除小峰，0 表示不剔除。

"起始时间"用于剔除起始阶段的进样扰动峰、空气峰和溶剂峰。

有负峰出现时，请选中"自动检测负峰"。

图 3-20　积分参数

点击"完成"，然后，再点击"下一步"。

③ 设定样品类型及样品"常规信息"，点击"下一步"，如图 3-21 所示。

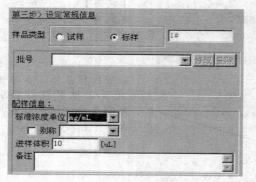

【说明】

先设定"样品类型"为"标样"，此时，会自动产生一个"标样号"。

再设定标样组分的"浓度单位"；如有必要，可给定浓度单位的"别称"，并点中小方框。

采用"外标法"或"指数法"定量时，尚需设定与实际相符的"进样体积"。

图 3-21　常规信息

④ 设定"标样组分浓度"（假定 a 组分浓度为 2.0 mg/mL），再点击"下一步"，如图 3-22 所示。

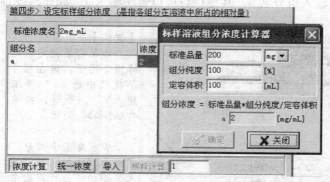

【注意】

"组分浓度"必须是各组分在标样溶液中所占的*相对量*，而不是绝对量。

点击"浓度计算"，可弹出一个根据标准品的称取量、纯度和定容体积自动计算组分浓度的对话框。

图 3-22　标样组分浓度

⑤ 点击"完成"。设定谱图保存"路径及文件命名规则"，点击"确定"，如图 3-23 所示。

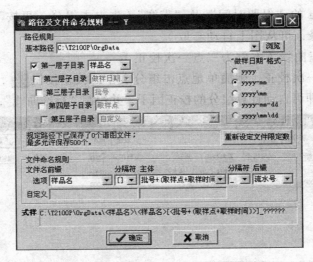

图 3-23 路径及文件命名规则

⑥ 再设定"仪器条件"然后点击"确定"。此时，即创建了待分析的标样（图 3-24）：

图 3-24 创建的待分析标样

（2）点击 开始 开始进样；

（3）调整谱图显示属性；

（4）停止进样；

（5）确认分析结果：

① 点击 进样后处理 ，再点击 组分表 ，切换到如图 3-25 画面：

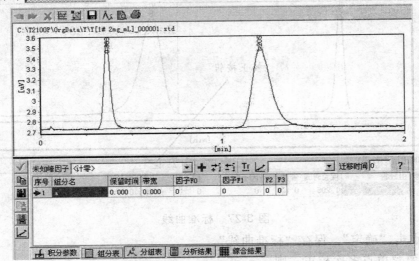

图 3-25 分析结果

② 设定组分 a 的"保留时间"及"带宽"（先点击组分 a 再按下 Shift 键同时双击最右边那个谱峰，可从图上自动套取）。

（6）建立校正曲线（本例为三点一次校正）：

① 如为单点一次校正，则简单地点击组分表中的校正按钮 ![校正按钮]，打开"校正"对话框（图 3-26），即可自动计算组分的校正因子，并绘制"标准曲线"，如图 3-27 所示。

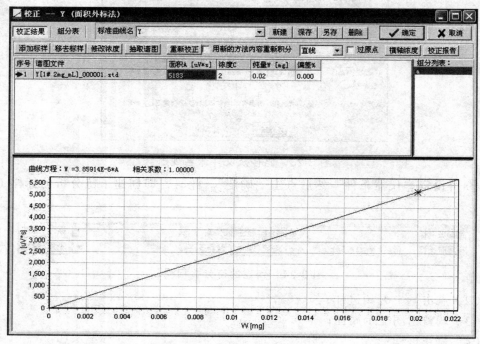

图 3-26　校　正

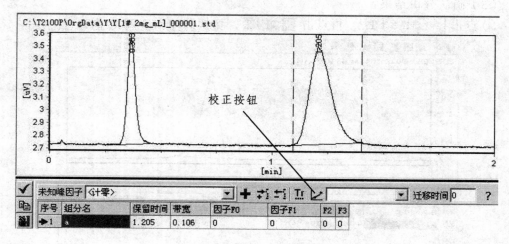

图 3-27　标准曲线

最后点击"确定"，保存"标准曲线"。

② 若要求单点多次校正，则

首先，需对当前浓度点的标样进行重复进样；

再点击 ，打开"校正"对话框，然后点击"添加标样"，弹出对话框，如图 3-28 所示。

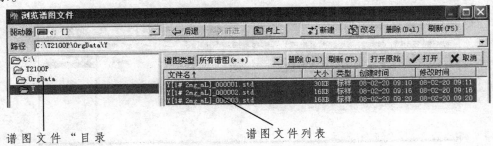

图 3-28 添加标样

在左边的"目录树"中选定文件路径为"…\OrgData\Y"，再点击右边的文件列表框，按"Ctrl+A"键，选中所有已保存的当前标样谱图文件，然后点击"加至标样表"按钮，点击"关闭"。

最后点击"校正"对话框中的"确定"。

③ 如果需要多点校正，则

点击"样品来源"菜单中的"新建标样"项（或"做样框"中第二行"新建"按钮），设置另一浓度点——即 2#标样（假定 2#标样组分 a 的浓度为 3.2 mg/L，其余设置与 1#标样相同），如图 3-29。

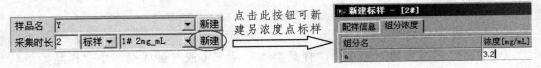

图 3-29 新建标样 2#

点击 ，开始 2#标样进样分析；

停止后再新建 3#标样（组分浓度为 4.0 mg/L），如图 3-30 所示；

再点击 ，开始 3#标样进样分析；

图 3-30 新建标样 3#

待所有浓度点标样的进样分析完成后，点击 ，打开"校正"对话框，然后点击"添加标样"按钮，弹出"浏览谱图文件"对话框，如图 3-31 所示。

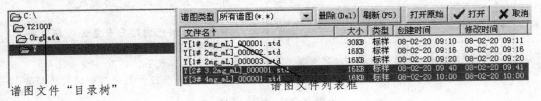

图 3-31 浏览谱图文件

在左边的"目录树"中选定文件路径为"…\OrgData\Y",再点击右边的文件列表框,按下 Shift 键(不松开),选点已保存的 2#标样和 3#标样谱图文件,再点击"加至标样表"按钮,最后点击"关闭",得到如图 3-32 所示曲线。

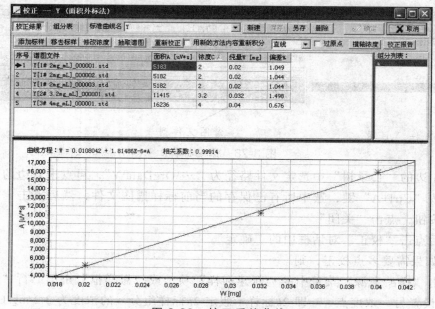

图 3-32　校正后的曲线

2. 分析试样

(1)设置待分析的试样:

① 点击"样品来源"菜单中"样品类型"项下(或"做样框"中"样品类型"选项)的"试样",如图 3-33 所示。

图 3-33　试　样

② 设定"配样信息",如图 3-34 所示。

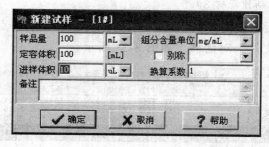

图 3-34　新建试样

【说明】

非归一法时,需设定"样品量"及其单位;

外标法或指数法时,尚需设定"进样体积"。

若需要对测出的组分含量进行其他换算(如根据气体状态方程换算),请输入换算系数(常规情况下,其默认值为 1)。

点"帮助",可打开更详细的说明文档。

> ### 注 意
>
> 如为"内标法"，请务必设定内标物浓度。

（2）点击 ▶ 开始 开始进样：操作过程同本节第一部分第 2 步（如为模拟进样，请务必先取消该功能，然后重新设置该功能有效）。

（3）进样停止后，点击 ∧∧ 进样后处理 再点击 ▤ 分析结果 。

目标检测

一、单选题

1. 既可调节载气流量，也可来控制燃气和空气流量的是（   ）。

    A. 减压阀   B. 稳压阀   C. 针形阀   D. 稳流阀

2. 色谱法也称色层法或层析法，是一种（   ）。当其应用于分析化学领域，并与适当的检测手段相结合，就构成了色谱分析法。

    A. 分离技术   B. 富集技术   C. 进样技术   D. 萃取技术

3. 气相色谱分析的仪器中，检测器的作用是（   ）。

    A. 感应到达检测器的各组分的浓度或质量，将其物质的量信号转变成电信号，并传递给信号放大记录系统

    B. 分离混合物组分

    C. 将其混合物的量信号转变成电信号

    D. 感应混合物各组分的浓度或质量

4. TCD 的基本原理是依据被测组分与载气（   ）的不同。

    A. 相对极性   B. 电阻率   C. 相对密度   D. 导热系数

5. 热导池检测器的灵敏度随着桥电流增大而增高，因此，在实际操作时桥电流应该（   ）。

    A. 越大越好   B. 越小越好

    C. 选用最高允许电流   D. 在灵敏度满足需要时尽量用小桥流

6. 氢火焰离子化检测器中使用（   ）作为载气将得到较好的灵敏度。

    A. H_2 B. N_2 C. He   D. Ar

7. 影响氢火焰检测器灵敏度的主要因素是（   ）。

    A. 检测器温度   B. 载气流速

    C. 三种气体的流量比   D. 极化电极

二、填空题

1. 目前色谱仪最常用的检测器有＿＿＿＿＿＿、＿＿＿＿＿＿。

2. 气相色谱的定量方法有：＿＿＿＿＿＿、＿＿＿＿＿＿、＿＿＿＿＿＿。

3. 气相色谱定量分析时，当样品中各组分不能全部出峰或在多种组分中中需定量其中某几个组分时，可选用＿＿＿＿＿＿。

三、判断题

1. 氢火焰离子化检测器的使用温度不应超过 100 ℃、温度高可能损坏离子头。（　　）
2. 氢火焰离子化检测器是依据不同组分气体的热导率不同来实现物质测定的。（　　）
3. 热导池电源电流调节偏低或无电流，一定是热导池钨丝引出线已断。（　　）
4. 热导池电源电流的调节一般没有什么严格的要求，有无载气都可打开。（　　）
5. FID 检测器对所有化合物均有响应，属于通用型检测器。（　　）

四、计算题

1. 准确称取苯、甲苯、乙苯、邻二甲苯四种纯化合物，配制成混合溶液，进行气相色谱分析，得到表 3-23 所示数据：

表 3-23　气相色谱分析苯、甲苯、乙苯、邻二甲苯的结果

组分	m/g	A/cm^2	组分	m/g	A/cm^2
苯	0.2176	44	乙苯	0.2096	58
甲苯	0.2354	32	邻二甲苯	0.2674	36

求甲苯、乙苯、邻二甲苯三种化合物以苯为标准物时的相对质量校正因子。

2. 内标法测定乙醇中微量水分，称取乙醇样品 4.2254 g，加入内标物甲醇 0.0214 g，进样出峰测得 $A_水 =17.5\ mm^2$，$A_{甲醇} =19.2\ mm^2$，已知峰面积相对质量校正因子 $f'_{H_2O/CH_3OH} =0.55$，求水的质量分数。

项目七　乙酸乙酯中乙醇含量测定

任务驱动

外标法是在一定的操作条件下，用纯组分或已知浓度的标准溶液配制成的标准样品，定量准确地进样，根据所得色谱图相应组分的峰面积（或峰高）与组分含量测定绝对校正因子。分析时，在相同操作条件下进样同样体积的分析样品，利用峰面积（或峰高）计算出其含量。外标法一般有比较法、工作曲线法和单点绝对校正因子法。

培养目标

（1）掌握外标法定量；
（2）掌握溶液浓度（质量分数）计算方法；
（3）掌握绝对校正因子的测定；
（4）熟练掌握工作站软件的外标法定量计算方法；
（5）了解苯系物（醇系物）的气相色谱分离分析方法。

任务一 仪器准备和试剂配制

准备仪器

SC-3A 型气相色谱仪、SC-200 型气相色谱仪或 GC-7900 型气相色谱仪,分析天平(0.1 mg),10 μL 微量进样器,1 μL 微量进样器,GDX-104 合成固定相色谱柱,毛细管色谱柱(20 m),具橡胶塞小玻璃瓶。

准备试剂

纯物质乙酸乙酯、乙醇、正丁醇;

乙酸乙酯和乙醇混合样。

任务二 绝对质量校正因子的测定

活动一 气相色谱仪开机

气相色谱仪气路检查后,按照试样特性选择适当的色谱操作条件并开机预热(按照不同检测器选择开机顺序)。

活动二 标准样品配制和谱图采集

待仪器电路和气路系统达到平衡,记录仪基线平直后,取一干燥洁净的小玻璃瓶(具橡胶塞,如小青霉素瓶),准确滴加入乙醇 0.1 ~ 0.15 g(称准至 0.0001 g)于瓶中,再加入溶剂(如甲醇等)2.0 ~ 3.0 g(称准至 0.0001 g),计算此溶液的质量分数。摇匀,进样,出峰,计算出绝对质量校正因子。

活动三 记录与处理实验数据

1. 记录色谱操作条件和谱图数据

表 3-24 色谱仪操作条件和谱图原始记录

分析者:_____ 班级:_____ 学号:_____ 分析日期:____年____月____日

气相色谱仪条件				
样品名称:			样品编号:	
仪器名称:		仪器型号:	仪器编号:	
检测器		TCD	FID	
载气				

续表

气相色谱仪条件		
载气流量（不分流）/（mL/min）		
载气流速（分流）/（mL/min）	载气流量	
	分流流量	
	尾吹流量	
氢气流速/（mL/min）		
空气流速/（mL/min）		
柱温/°C		
气化室温度/°C		
检测器温度/°C		
热导池检测器桥电流/mA		

表 3-25　绝对质量校正因子谱图原始记录

	绝对质量校正因子的测定						
组分名称	溶液浓度（质量分数/%）	峰高 h/mm	半峰宽 $W_{1/2}$/mm	峰面积 A/mm^2	绝对质量校正因子 f	绝对质量校正因子 f 平均值	相对偏差/%
乙醇							

2. 数据处理

（1）标准物质溶液的浓度计算（质量分数/%）：

$$w_s(\%) = \frac{m_{溶质}}{m_{溶液}} \times 100 \tag{3-14}$$

（2）绝对质量校正因子的计算：

$$f_s = \frac{\overline{w}_s(\%)}{A_s} \tag{3-15}$$

任务三　试样的测定

活动一　未知试样进样和谱图采集

在相同色谱的操作条件下，注入与绝对校正因子测定时相同体积的样品，出峰，计算得到试样含量。

> ### 注　意
>
> （1）观察试样的出峰顺序，同样条件下用已知纯物质对照确定组分名称（特别是加入溶剂后）。
> （2）做校正因子时和试样时仪器操作条件要一致，进样量也需一致。
> （3）氢气是一种危险气体，使用中按照要求规范操作，色谱实验室通风良好。
> （4）实验中防止高温烫伤。

活动二　记录与处理实验数据

1. 记录色谱图数据

表 3-26　外标法试样测定谱图原始记录

试样的测定							
组分名称	测定次数	峰高 h/mm	半峰宽 $W_{1/2}$/mm	峰面积 A/mm²	试样含量/%	平均值/%	相对偏差/%
乙醇	1						
	2						
	3						

2. 数据处理

试样中待测组分含量计算：

$$w_i(\%) = f_s \times A_i \tag{3-16}$$

任务四　气相色谱仪关机

热导池检测器（TCD）应该先关检测器桥流，将各部温度降至室温后，再关闭主机电源，最后关闭载气；氢火焰检测器（FID）先关闭氢气和空气，待火焰熄灭后，将各部温度降至室温，再关闭主机电源，最后关闭载气。填写仪器使用记录，做好实验室整理和清洁工作，并进行安全检查后，才可以离开实验室。

任务五　实验过程和结果评价

实验过程按照表 3-27 评价

表 3-27　过程和结果评价

操作要求	鉴定范围	鉴定内容	分值	得分	鉴定比例
操作技能	基本操作技能	微量进样器的使用（润洗、排气泡、取样）	5		20%
		正确的进样方法（右手持针、左手护针）	3		
		正确区分气相色谱的检测器（热导池和氢火焰检测器）	2		
		正确叙述热导池检测器的气相色谱仪的和氢火焰检测器的气相色谱仪的开关机顺序	5		
		正确识别色谱图（基线，峰高、半峰宽）	3		
		正确记录色谱仪的气化室、柱箱、检测器的温度、	2		
仪器使用与维护	设备的使用与维护	正确认识使用减压阀	5		20%
		正确认识使用气化室	3		
		正确认识使用色谱柱	2		
		正确认识调节热导池检测器的桥电流和载气流速、氢火焰检测器的氢气和空气流速	5		
		正确认识使用温度控制系统	2		
		正确认识使用记录仪	3		
数据记录和结果处理	色谱图的处理	正确标注峰高、半峰宽并准确量取	10		50%
		未正确标注，但有量取数据	8		
		未正确标注峰高、半峰宽并准确量取	0		
	数据处理	正确计算绝对质量校正因子，相对误差≤1%	20		
		正确计算绝对质量校正因子，相对误差>1%≤5%	15		
		正确计算计算绝对质量校正因子，相对误差>5%	0		
		正确计算试样结果，相对误差≤1%	20		
		正确计算试样结果，相对误差>1%≤5%	15		
		正确计算试样结果，相对误差>5%	0		
安全与其他	合理支配时间 保持整洁、有序的工作环境 合理处理、排放废液 安全用电 正确记录原始数据 按时完成实验报告，并整洁有序		10		10%

项目八　果蔬中三氯杀螨醇含量测定

外标法又称校正曲线法，是一种简便、快速的定量方法。用已知纯物质配成不同浓度的标准样进行试验，测量各种浓度下对应的峰高或峰面积，然后绘制响应信号-含量标准曲线。分析时，进入同样体积的分析样品，从色谱图上测出面积或峰高，代入校正曲线上查出其含量。

培养目标

（1）掌握外标法定量；

（2）掌握溶液浓度（质量分数）计算方法；

（3）掌握绝对校正因子的测定；

（4）熟练掌握工作站软件的外标法定量计算方法；

（5）了解醇系物的气相色谱分离分析方法。

任务一　仪器准备和试剂配制

准备仪器

GC-7900型气相色谱仪（电子捕获检测器），DB-1毛细管色谱柱（30 m×0.25 mm），小型粉碎机，组织捣碎机，超声波清洗器，离心机（4000 r/min），10 μL 微量进样器。

准备试剂

（1）苯，石油醚（沸程 30~60 ℃），丙酮，硫酸（GR），无水硫酸钠（650 ℃ 灼烧 4 h，置于干燥器内备用），硫酸钠溶液（20 g/L）。

（2）三氯杀螨醇标准溶液：准确称取（精确至 0.0001 g）三氯杀螨醇标准品（dicofol，纯度≥99%），用苯配制成 100.0 μg/mL 的标准储备液。

（3）三氯杀螨醇标准使用液：将上述标准储备液以石油醚稀释至适宜浓度，一般为 0.05~1.00 μg/mL。

任务二　试样处理

活动一　预处理

称取梨或苹果等水果试样约 200 g，于捣碎机中捣碎，混匀。称取匀浆约 5 g（精确至 0.01 g），于 50 mL 具塞三角瓶中，加 10 ~ 15 mL 丙酮，超声波振荡 15 min，过滤于 125 mL 分液漏斗中，残渣用丙酮洗涤 4 次，每次 4 mL，再用少许丙酮洗涤漏斗和滤纸，合并滤液 30 ~ 40 mL，加石油醚 20 mL，振荡 1 min。加 20 mL 硫酸钠溶液（20 g/L），振荡 1 min，静置分层，弃去下层水溶液。用滤纸擦干分液漏斗颈内外的水，然后将石油醚缓缓放出，经盛有约 10 g 无水硫酸钠的漏斗，滤入 50 mL 三角瓶中。再以少量石油醚分 3 次洗涤原分液漏斗、滤纸和漏斗，洗液并入滤液中，将石油醚浓缩，移入 10 mL 具塞试管中，定容至 10.0 mL。

活动二　净　化

吸取试样提取液 5.0 mL 至 10 mL 比色管中，加 0.5 mL 浓硫酸，盖上试管塞，振荡数次后，打开塞子放气，然后振荡 1 min，于 1600 r/min 离心 15 min，用吸管把上层清夜分别移入干净具塞试管中，供气相色谱法测定。

任务三　标准曲线的绘制

活动一　气相色谱仪开机

气相色谱仪气路检查后，按照表 3-28 操作条件开机预热至少 2 h。

表 3-28　色谱仪操作条件

色谱操作条件		毛细管柱	填充柱
载气		氮气	氮气
载气流量（不分流）/（mL/min）			
载气流速（分流）/（mL/min）	载气流量	50	
	分流流量比	50 : 1	
	隔膜吹洗	2	
	尾吹流量	20 ~ 30	
氢气流速/（mL/min）			
空气流速/（mL/min）			
气化室温度/ ℃		280	
检测器种类和温度/ ℃		ECD　300	
柱温/ ℃		240	

活动二　标准溶液的配制

（1）三氯杀满醇标准使用溶液的配制：准确移取三氯杀满醇标准储备液 5.00 mL 于 50 mL 容量瓶中，以石油醚稀释至刻度，摇匀；准确移取上述溶液 5.00 mL 于 50 mL 容量瓶中，以石油醚稀释至刻度，摇匀，备用。此溶液浓度 1.0 μg/mL。

（2）三氯杀满醇标准系列溶液配制准确移取上述标准使用溶液 0.00 mL、0.50 mL、1.00 mL、2.50 mL、5.00 mL、7.50 mL、10.00 mL 分别于 7 个 10 mL 容量瓶中，以石油醚稀释至刻度，摇匀，分别各取 5.0 mL 标准系列溶液，加 0.5 mL 浓硫酸酸化，振摇 1 min，于 1600 r/min 的离心机离心 15 min 之后，上清液分别吸入另一组具塞比色管中待进样，进样量均为 1.0 μL。

活动三　标准溶液进样和谱图采集

待仪器电路和气路系统达到平衡，记录仪基线平直后，进样，出峰。重复性条件下测定两次。

活动四　标准曲线的绘制

以标准系列溶液的浓度为横坐标，测得各系列标准溶液三氯杀螨醇的峰面积为纵坐标绘制工作曲线。

活动五　记录与处理实验数据

1. 原始记录

表 3-29　色谱仪操作条件原始记录

分析者：_____　班级：_____　学号：_____　分析日期：____年____月____日

色谱操作条件		毛细管柱	填充柱
载气			
载气流量（不分流）/（mL/min）			
载气流速（分流）/（mL/min）	载气流量		
	分流流量比		
	隔膜吹洗		
	尾吹流量		
氢气流速/（mL/min）			
空气流速/（mL/min）			
气化室温度/℃			
检测器种类和温度/℃			
柱温/℃			

表 3-30 外标法工作曲线测定谱图原始记录

组分名称	标准溶液浓度/μg/mL	测定次数	峰高 h/mm	半峰宽 $W_{1/2}$/mm	峰面积 A/mm²	峰面积 A 平均值/mm²
三氯杀螨醇	0.05	1				
		2				
	0.10	1				
		2				
	0.25	1				
		2				
	0.50	1				
		2				
	0.75	1				
		2				
	1.00	1				
		2				

2. 结果计算

（1）各溶液浓度计算：

$$\rho_1 V_1 = \rho_2 V_2$$

（2）各色谱峰的面积计算

$$A = 1.065 h W_{1/2}$$

任务四　试样的测定

活动一　试样的测定

吸取试样净化溶液 1.0 μL 进样，重复 3 次。以保留时间定性，以试样中被测组分的峰面积通过工作曲线定量。

活动二　记录与处理实验数据

1. 记录色谱图数据

表 3-31 外标法试样测定谱图原始记录

组分名称	试样被测组分含量/(mg/kg)	待测试样溶液浓/(μg/mL)	测定次数	峰高 h/mm	半峰宽 $W_{1/2}$/mm	峰面积 A/mm²	峰面积 A 平均值/mm²
			1				
			2				
			3				
测定结果评价偏差（%）:							

2. 数据处理

试样中待测组分含量计算：

$$\rho(mg/kg) = \frac{\rho_{查} \times V_1}{m_{样}} \quad (3\text{-}17)$$

式中　ρ——试样中三氯杀螨醇残留量；

　　　$\rho_{查}$——从工作曲线上差得试样定容溶液的浓度，$\mu g/mL$；

　　　V_1——试样定容体积，mL；

　　　$m_{样}$——试样质量，g。

任务五　气相色谱仪关机

电子捕获池检测器（ECD）应该先关检测器电流，将各部温度降至室温后，关闭主机电源，继续通入 N_2 1 h 后，再关闭载气，填写仪器使用记录，做好实验室整理和清洁工作，并进行安全检查后，才可以离开实验室。

任务六　实验过程和结果评价

实验过程和结果按照表 3-32 评分：

表 3-32　过程和结果评价

操作要求	鉴定范围	鉴定内容	分值	得分	鉴定比例
操作技能	基本操作技能	微量进样器的使用（润洗、排气泡、取样）	5		20%
		正确的进样方法（右手持针、左手护针）	3		
		正确区分气相色谱的检测器（热导池和氢火焰检测器）	2		
		正确叙述热导池检测器的气相色谱仪和氢火焰检测器的气相色谱仪的开关机顺序	5		
		正确识别色谱图（基线，峰高、半峰宽）	3		
		正确记录色谱仪的气化室、柱箱、检测器的温度	2		
仪器使用与维护	设备的使用与维护	正确认识使用减压阀	5		30%
		正确认识使用气化室	5		
		正确认识使用色谱柱	5		
		正确认识调节电子捕获检测器的电流和载气流速	5		
		正确认识使用温度控制系统	5		
		正确认识使用记录仪	5		

续表

操作要求	鉴定范围	鉴定内容	分值	得分	鉴定比例
数据记录和结果处理	色谱图的处理	正确标注峰高、半峰宽并准确量取	20		40%
		未正确标注，但有量取数据	10		
		未正确标注峰高、半峰宽并准确量取	0		
	数据处理	正确计算相对质量校正因子，相对误差≤1%	30		
		正确计算相对质量校正因子，1%＜相对误差≤5%	20		
		正确计算相对质量校正因子，相对误差＞5%	0		
		正确计算试样结果，相对误差≤1%	10		
		正确计算试样结果，1%＜相对误差≤5%	5		
		正确计算试样结果，相对误差＞5%	0		
安全与其他	合理支配时间 保持整洁、有序的工作环境 合理处理、排放废液 安全用电 正确记录原始数据 按时完成实验报告，并整洁有序		10		10%

📖 知识拓展

一、气相色谱分离过程

多组分样品通过色谱柱能达到彼此分离的目的。基本原理是试样组分通过色谱柱时与固定相之间发生相互作用，这种相互作用大小的差异使各组分互相分离并按先后次序从色谱柱后流出。

1. 气-固色谱

气-固色谱的固定相是固体吸附剂，样品由载气带入柱子，组分被吸附剂吸附后，后面载气继续流过时，吸附着的被测组分又被洗脱下来，这种洗脱下来的现象称为脱附。脱附了组分又随着载气继续前进，又被新的吸附剂吸附，随着载气的流动，被测组分在吸附剂表面进行反复的吸附脱附吸附脱附的循环过程（图 3-35）。

2. 气-液色谱

气-液色谱的固定相是液体，也叫固定液。当载气携带样品与固定液接触时，各组分就可能溶解到固定液中去，后面来的新鲜载气又将溶解在液相中的部分组分洗脱出来，继续前进，又溶于液相，又洗脱。如此循环，经过多次的溶解、洗脱、挥发、溶解再洗脱、挥发。由于各组分在固定液中的溶解度不同，溶解度大的不容易洗脱挥发，后流出色谱柱，后出峰；溶解度小的在柱中滞留时间短，先流出色谱柱，先出峰。

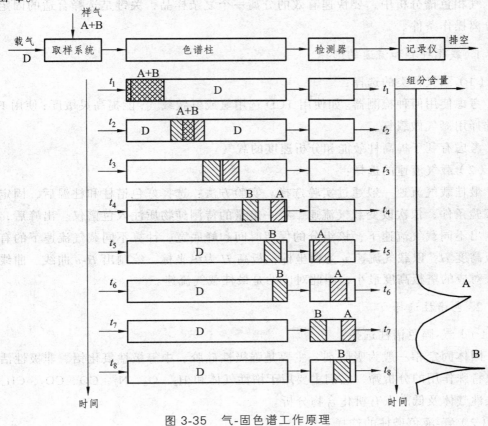

图 3-35 气-固色谱工作原理

二、分离度

样品中的各组分，特别是难分离的物质（即物理性质相近，结构类似的相邻组分）在一根色谱柱内是否能得到很好的分离，取决于各组分在固定相中的分配系数的差异，也就是取决于固定相的性质，而不是由分配次数多少来确定，同时固定相的性质（分配系数）又不能说明分配次数。因此，引入分离度 R 作为色谱柱的总分离效能指标。

分离度 R 是两相邻组分保留时间之差与峰底宽之和一半的比值。

$$R = \frac{t_{R(2)} - t_{R(1)}}{[W_{b(1)} + W_{b(2)}]/2} = \frac{2\Delta t_R}{W_{b(1)} + W_{b(2)}} \qquad （3\text{-}18）$$

当 $R<0.8$，两组分不能完全分离；$R=1.0$ 时，两组分重叠约 2%；$R=1.5$ 可达完全分离。R 值越大，分离越好。为了增加 R 值，除选择好固定液之外，在操作上可以降低柱温，增加柱长，但过多降低柱温，增加柱长会使峰形扩展，得不到苗条对称的色谱峰，为此需要对操作条件进行优化。

三、色谱操作条件的选择

气相色谱分析中，要快速有效的分离一个复杂样品，关键是选择合适的固定相和分离操作条件。

1. 载气种类和流速的选择

（1）载气种类的选择：

考虑使用何种检测器。如使用 TCD 选用氢或氦做载气，能提高灵敏度；使用 FID 则选择用氮气做载气。

考虑有利于提高柱效能和分析速度的载气。

（2）载气流速的选择：

最佳载气流速一般通过实验选择。实验方法：选择好色谱柱和柱温后，固定其他实验条件，依次改变载气流速，将一定量的待测纯物质注入色谱仪。出峰后，分别测出不同载气流速下，该组分的保留时间和峰底宽，计算不同载气流速下的有效塔板高度 H。以载气流速 u 为横坐标，板高 H 为纵坐标，绘制出 $H\text{-}u$ 曲线。曲线最低处对应的塔板高度最小，因此对应的是最佳载气流速。

2. 色谱柱选择

（1）气-固色谱柱选择：

固体固定相一般为吸附剂，主要是强极性硅胶、中等极性氧化铝、非极性活性炭及特殊作用的分析筛，它们主要用于惰性气体和 H_2、O_2、N_2、CO、CO_2、CH_4 等永久性气体及低沸点有机化合物分析。

（2）气-液色谱柱的选择：

液体固定相又叫固定液，它是由惰性的固体支持物和其表面上涂渍的高沸点有机物液膜所构成。通常把惰性的固体支持物称为"担体"，把涂渍的高沸点有机物称为固定液。表 3-33 为常见的固定液。

表 3-33 部分常用固定液

固定液名称	商品名称	相对极性	麦氏平均极性	最高使用温度（℃）	溶剂	分析对象
角鲨烷	SQ	0	0	150	乙醚甲苯	非极性基准固定液分离 $C_1 \sim C_8$ 烃类
阿皮松 L	APL	−1	29	300	苯，氯仿	
甲基硅油甲基硅橡胶	SE-30 OV-101	+1	43	350	氯仿+丁醇（1:1）	高沸点极性物质
苯基（10%）甲基聚硅氧烷	OV-3	+1	85	350	苯，丙酮	高沸点化合物
苯基（20%）甲基聚硅氧烷	OV-7	+2	118	350	苯，丙酮	高沸点化合物

续表

固定液 名称	商品 名称	相对 极性	麦氏 平均 极性	最高使用 温度（℃）	溶剂	分析 对象
邻苯二甲酸二壬酯	DNP	+2	161	130	乙醚、甲醇	烃、醇、醛、酮、酸、酯
苯基（50%）甲基聚硅氧烷	OV-17	+2	177	300	苯、丙酮	高沸点化合物
聚苯醚		+3	243	250	甲苯、氯仿	多核芳烃
三氟苯基（50%）甲基聚硅氧烷	QF-1 OV-210	+3	300	250	氯仿	含卤化合物、金属螯合物、甾类。从烷烃、环烃中分离芳烃
β-氰乙基（25%）甲基聚硅氧烷	XE-60	+3	357	275	氯仿	分析苯酚、酚醚、芳胺、生物碱、甾类
聚乙二醇	PEG-4000 PEG-6000 PEG-20M	+4 （氢键型）	471 461 462	175 175 200	丙酮 氯仿	醇、酮、醛、脂肪酸、酯等极性化合物，对芳香和非芳香有选择性
己二酸二乙二醇酯	DEGA	+4	553	250	氯仿	分离 $C_1 \sim C_4$ 脂肪酸甲酯、甲酚异构体
丁二酸二乙二醇聚酯	DEGS	+4	684	220	丙酮 二氯甲烷	分离饱和及不饱和脂肪酸酯、苯甲酸酯异构体
1,2,3-三（2-氰乙氧基）丙烷	TCEP	+5	829	175	氯仿 甲醇	选择性保留低级含氧化合物（如醇）、伯胺、不饱和烃、脂肪酸异构体
β,β'-氧二丙腈	ODPN	+5		120	甲醇 丙酮	分离硫化物、硫醇、硫醚、卤代硫

　　固定液的选择没有严格的规律可循，但是"相似相溶"规律必须遵守，就是被测组分的官能团、化学键、极性或化学性质与固定液有某些相似性。性质相近者，分子间的作用力强，被测组分在固定液中的溶解度大，保留值大，则容易达到分离目的。

　　3. 柱温的选择

　　柱温是气相色谱操作法最重要的操作条件，柱温直接影响色谱柱的使用寿命、柱的选择性、柱效能和分离速度。柱温低有利于分配，有利于组分的分离，但柱温过低，被测组分可能在柱中冷凝，使色谱峰扩张，甚至拖尾。柱温高，虽有利于流动，但分配系数变小不利于分离。一般通过实验选择最佳柱温。

　　4. 气化室温度选择

　　合适的气化室温度既能保证样品迅速且完全气化，又不引起样品分解。一般气化室温度比柱温高 30~70 ℃ 或比样品组分中最高沸点高 30~50 ℃。

5. 进样量与进样操作

（1）进样量

在进行气相色谱分析时，进样量要适当。若进样量过大，所得到的色谱峰形不对称，峰变宽，分离度减小，保留值发生变化，峰高、峰面积与进样量不成线性关系，无法定量。若进样量太小，又会因检测器灵敏度不够，不能检出。

（2）进样操作

进样时，要求速度快，这样可以使样品在气化室后随载气以浓缩状态进入色谱柱，因而峰的原始宽度就窄，有利于分离。进样操作要稳当、连贯、迅速。

目标检测

一、单选题

1. 采样气相色谱法分析羟基化合物，对 $C_4 \sim C_{14}$ 的 38 种醇进行分离，较理想的分离条件是（　　　）。

    A. 填充柱长 1 m 柱温 100 ℃、载气流速 20 mL/min

    B. 填充柱长 2 m、柱温 100 ℃、载气温度 60 mL/min

    C. 毛细管长 40 m、柱温 100 ℃、恒温

    D. 毛细管长 40 m、柱温 100 ℃、程序升温

2. 对气相色谱柱分离度影响最大的是（　　　）。

    A. 色谱柱柱温　　　　　　　　　　B. 载气的流速

    C. 柱子的长度　　　　　　　　　　D. 填料粒度的大小

3. 衡量色谱柱总分离效能的指标（　　　）。

    A. 塔板数　　　　　　　　　　　　B. 分离度

    C. 容量因子　　　　　　　　　　　D. 分配系数

4. 气相色谱分析样品组合中各组分的分离是基于（　　　）的不同。

    A. 保留时间　　　　　　　　　　　B. 分离度

    C. 容量因子　　　　　　　　　　　D. 分配系数

5. 气-液色谱柱中与分离度无关的因素是（　　　）。

    A. 增加柱长　　　　　　　　　　　B. 改用更灵敏的检测器

    C. 调节流速　　　　　　　　　　　D. 改变固定液的化学性质

6. 气相色谱中进样量过大会导致（　　　）。

    A. 有不规则的基线波动　　　　　　B. 出现额外峰

    C. FID 熄火　　　　　　　　　　　D. 基线不回零

7. 良好的气-液色谱固定液为（　　　）。

    A. 蒸汽压低，稳定性好　　　　　　B. 化学性质稳定

    C. 溶解度大，对相邻两组分有一定的分离分离

D. 以上都是

8. 在气相色谱分析中，一个特定分离的成败，在很大的程度上取决于（　　　　）的选择。

    A. 检测器　　　　　　　　　　　　B. 色谱柱

    C. 皂膜流量计　　　　　　　　　　D. 记录仪

9. 在气-固色谱中，首先流出色谱柱的是（　　　　）。

    A. 吸附能力小的组分　　　　　　　B. 脱附能力小的组分

    C. 溶解能力大的组分　　　　　　　D. 挥发能力大的组分

10. 两个色谱峰能完全分离时的 R 值应为（　　　　）。

    A. $R \geqslant 1.5$　　　　　　　　　　B. $R \geqslant 1.0$

    C. $R \leqslant 1.5$　　　　　　　　　　D. $R \leqslant 1.0$

11. 气-液色谱中选择固定液的原则是（　　　　）。

    A. 相似相溶　　　　　　　　　　　B. 极性相同

    C. 官能团相同　　　　　　　　　　D. 活性相同

12. 一般而言，选择硅藻土做载体，则液担比一般为（　　　　）。

    A. 50 : 100　　　　　　　　　　B. 1 : 100

    C.（5 ~ 30）: 100　　　　　　　D. 5 : 50

13. 气相色谱分析中，气化室的温度宜选为（　　　　）。

    A. 试样中沸点最高组分的沸点

    B. 试样中沸点最低组分的沸点

    C. 试样中各组分的平均沸点

    D. 比试样中各组分的平均沸点高 30 ~ 50 ℃

二、判断题

1. 气相色谱仪中的气化室进口的隔垫材料是塑料的。（　　　　）

2. 气相色谱分析中，混合物能否完全分离取决于色谱柱，分离后的组分能否准确检测出来，取决于检测器。（　　　　）

3. 色谱柱的选择性可用"总分离效能指标"来表示，它可定义为：相邻两色谱峰保留时间的差值与两色谱峰宽之和的比值。（　　　　）

4. 相邻两组分得到完全分离时，其分离度 $R < 1.5$。（　　　　）

5. 氢火焰离子化检测器的使用温度不应超过 100 ℃、温度高可能损坏离子头。（　　　　）

6. 气相色谱中气化室的作用是足够高的温度将液体瞬间汽化。（　　　　）

7. 气相色谱分析中，提高柱温能提高柱子的选择性，但会延长分析时间，降低柱效率。（　　　　）

8. 用气相色谱法定量分析样品组分时，分离度应至少为 1.0。（　　　　）

9. 在气相色谱分析中，检测器温度可以低于柱温度。（　　　　）

10. 在气相色谱内标法中，控制适宜称样量可改变色谱峰的出峰顺序。（　　　　）

模块四　高效液相色谱法

项目一　认识和使用高效液相色谱仪

任务驱动

　　　　　　高效液相色谱分析方法的分析原理、理论与气相色谱法分析法有许多相似之处。高效液相色谱分析方法是以液体为流动相，借助高压输液泵获得相对较高流速、流量或压力恒定的液体以提高分离速度，采用颗粒极细的高效固定相制成的色谱柱进行分离和分析的一种分析方法。

　　与气相色谱分析法不同的是，高效液相色谱法更适合于热稳定性差，不易挥发（相对分子质量较大）的许多物质的分离和分析，因而应用范围更为广泛。有机物总数的75%～80%原则上都可用高效液相色谱法来进行分离、分析。能用气相色谱法分析的有机物不到20%。高效液相色谱分析方法是气相色谱法分析方法的发展、完善。

　　技术上，流动相改为高压输送，输送压力可高达30～60 MPa；流速一般可达1～10 mL/min。使分析时间大大缩短，复杂试样一般少于1 h。色谱柱是以特殊的方法用小粒径的填料填充而成，从而使色谱柱的柱效大大提高。由于广泛采用高灵敏度的检测器，进一步提高了分析的灵敏度，如荧光检测器灵敏度可达10^{-11} g。另外，试样用样量少，一般几个微升。所以高效液相色谱法具有高压、高速、高效、高灵敏度、适用范围广、试样用量少等特点。

　　　培养目标

　　（1）认识高效液相色谱仪的基本组成和基本结构；
　　（2）掌握流动相的配制方法和处理方法；
　　（3）掌握高效液相色谱分析方法的基本工作流程；
　　（4）能正确开、关高效液相色谱仪；
　　（5）能基本掌握工作站的使用。

任务一 认识高效液相色谱仪的基本组成

活动一 准备仪器与试剂

准备仪器

高效液相色谱仪、减压过滤装置、0.45 μm 有机滤膜、超声波发生器、微量进样器（平头、100 μL 1 只）、容量瓶（50mL 4 个）。

准备试剂

色谱纯试剂（苯、甲苯、乙苯、邻二甲苯），流动相甲醇（色谱纯）、超纯水。

活动二 认识仪器

大连依利特分析仪器有限公司新一代高效液相色谱仪——iChrom 5100 某配置及外形如图 4-1 所示。

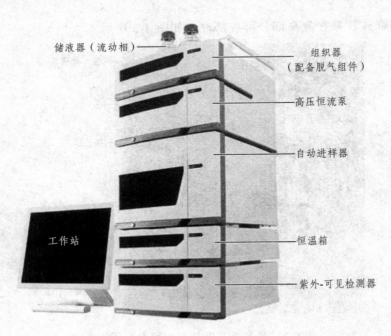

图 4-1 iChrom 5100 外形

高效液相色谱仪基本组成系统如图 4-2 所示。

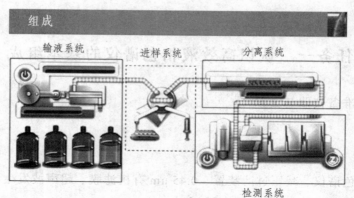

图 4-2　高效液相色谱仪基本组成

1. 高压输液系统

高压输液系统通常包括贮液器、高压输液泵、过滤器以及梯度洗脱装置等。高压输液泵是高效液相色谱仪的关键部件，其作用是将流动相以稳定的流速或压力输送到色谱柱。高压输液泵按输液性能可分为恒压泵和恒流泵两类。目前，高效液气相色谱仪普遍采用的是往复式恒流泵，特别是双柱塞型往复泵，具有液路缓冲器，可获得较高的流量稳定性，尤其适用于梯度洗脱。几种不同类型的高压输液泵如下所示。

（1）串联式柱塞往复泵部分可视部件，如图 4-3 所示。

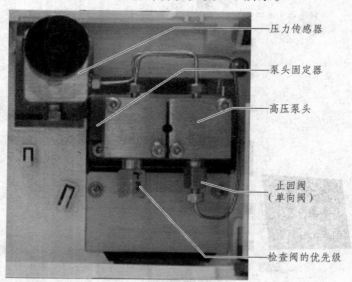

图 4-3　串联式柱塞往复泵部分可视部件

串联式柱塞往复泵的工作原理，如图 4-4 所示。

（2）并联式微体积柱塞往复泵，如图 4-5 所示。

并联式柱塞往复泵的工作原理，如图 4-6 所示。

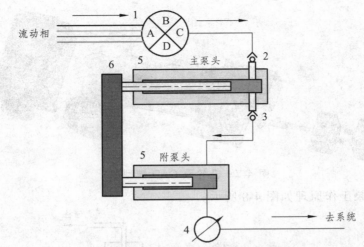

图 4-4　串联式柱塞往复泵工作原理

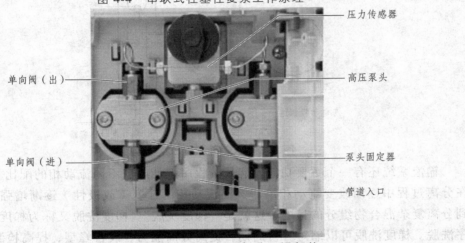

图 4-5　并联式柱塞往复泵部分可视部件

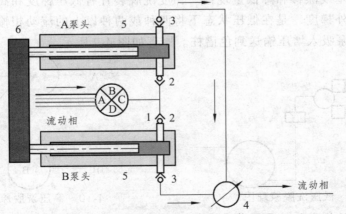

图 4-6　并联式柱塞往复泵工作原理

（3）凸轮输液泵的定位及脉动阻尼功能，可实现低流量的稳定输出。其模型如图 4-7 所示。

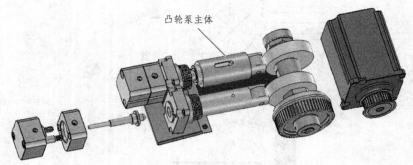

图 4-7　凸轮泵 CAD 模型图

凸轮输液泵工作原理如图 4-8 所示。

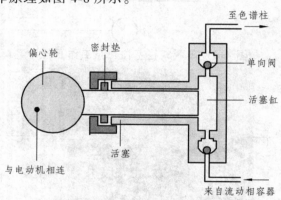

图 4-8　凸轮输液泵工作原理图

　　输液系统还有一个重要功能，就是按程序设计改变不同流动相的配比。一般是，在分离过程中逐渐改变流动相组成，使流动相的强度（或极性）逐渐增强，从而达到分离复杂混合物组分的目的，这就是"梯度洗脱"。梯度洗脱又称为梯度淋洗或程序洗脱。梯度洗脱可以缩短分析周期，提高分离能力，改善峰型，提高检测灵敏度，但有时会引起基线漂移和降低重现性。梯度洗脱装置有低压梯度和高压梯度两种。低压梯度又称外梯度，是在低压状态下将两种或两种以上的流动相输入比例阀，混合后再由高压泵吸入增压输送到色谱柱。原理如图 4-9 所示。

图 4-9　低压洗脱原理图　　　　　　　　4-10　高压洗脱原理图

　　高压梯度是依靠每种流动相各自的高压泵将流动相增压后送入混合器，进行混合后再送入色谱柱。原理如图 4-10 所示。如四元高压梯度洗脱液相系统配置示意图如图 4-11 所示。

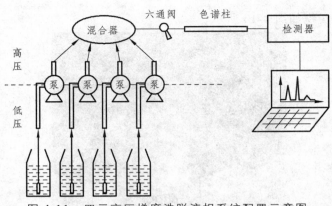

图 4-11　四元高压梯度洗脱液相系统配置示意图

2. 进样系统

进样系统是将试样准确定量地送入色谱柱。进样系统分为手动进样和自动进样。手动进样器包括进样瓶、平头进样针和六通阀。进样瓶和平头进样针如图 4-12 所示。

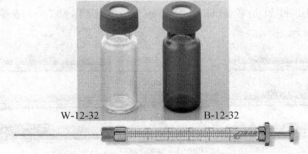

图 4-12　进样瓶和平头进样针

六通进样阀使用原理如图 4-13 所示，先将阀柄置于采样位置（LOAD），用平头针注入试样，多余的试样自动溢出。然后将六通阀手柄顺时针转动 60°至进样位置（INJECT），流动相与定量管接通，样品被流动相带到色谱柱进行分离。

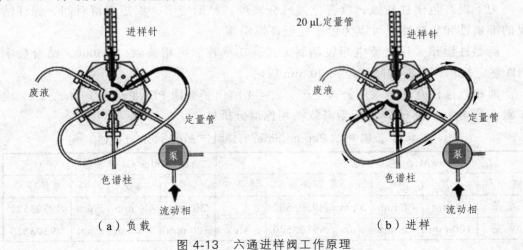

图 4-13　六通进样阀工作原理

六通进样阀实物如图 4-14 所示。

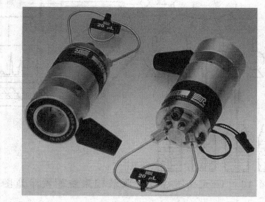

图 4-14　六通进样阀实物图片

自动进样器由计算机编程控制多个样品自动进样，适用于批量样品分析。

3. 分离系统

分离系统关键部件就是色谱柱。色谱柱一端接进样器，一端接检查器。某型号色谱柱如图 4-15 所示。

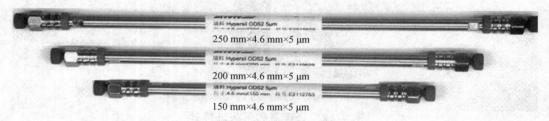

250 mm×4.6 mm×5 μm

200 mm×4.6 mm×5 μm

150 mm×4.6 mm×5 μm

图 4-15　某型号色谱柱

为了保护色谱柱，有的在色谱柱入口端接入装有与色谱柱相同固定相的短柱（5～30 mm 长），使其可以方便地更换。

为了提高色谱柱柱效，改善色谱峰分离度，峰形变窄，缩短保留时间，保证结果的准确性和重复性，可以为色谱柱配备恒温箱。

新型柱温箱采用交流电相位调制方式，功率控制可精确到 1/65000，结合数字 PID 整定技术，升温时间缩短到 20 min 以内。

液相色谱柱有许多专业公司生产，表 4-1 给出了美国 PE（Perkin Elmer，珀金埃尔默）公司生产的 Brownlee 型高效液相色谱分析柱。

表 4-1　美国 PE（Perkin Elmer）公司产 Brownlee 分析柱

Brownlee 氨基分析柱					Brownlee C_8 分析柱				
键合相	长度	内径	粒径	部件编号	键合相	长度	内径	粒径	部件编号
氨基	50 mm	4.6 mm	3 μm	N9303502	C_8	30 mm	4.6 mm	5 μm	N9303521
氨基	100 mm	4.6 mm	3 μm	N9303500	C_8	100 mm	4.6 mm	5 μm	N9303515

续表

Brownlee 氨基分析柱					Brownlee C$_8$分析柱				
键合相	长度	内径	粒径	部件编号	键合相	长度	内径	粒径	部件编号
氨基	150 mm	4.6 mm	3 μm	N9303501	C$_8$	150 mm	4.0 mm	5 μm	N9303516
氨基	50 mm	4.6 mm	5 μm	N9303506	C$_8$	150 mm	4.6 mm	5 μm	N9303517
氨基	100 mm	4.6 mm	5 μm	N9303503	C$_8$	200 mm	4.6 mm	5 μm	N9303518
氨基	150 mm	4.6 mm	5 μm	N9303504	C$_8$	250 mm	4.0 mm	5 μm	N9303519
氨基	250 mm	4.6 mm	5 μm	N9303505	C$_8$	250 mm	4.6 mm	5 μm	N9303520
Brownlee C$_{18}$分析柱					Brownlee PAH 分析柱				
C$_{18}$	30 mm	4.6 mm	3 μm	N9303509	PAH	100 mm	4.6 mm	5 μm	N9303527
C$_{18}$	50 mm	4.6 mm	3 μm	N9303510	PAH	150 mm	3.2 mm	5 μm	N9303430
C$_{18}$	100 mm	4.6 mm	3 μm	N9303507	PAH	150 mm	4.6 mm	5 μm	N9303529
C$_{18}$	150 mm	4.6 mm	3 μm	N9303508	PAH	200 mm	4.6 mm	5 μm	N9303528
C$_{18}$	100 mm	4.0 mm	5 μm	N9303511	PAH	250 mm	2.1 mm	5 μm	N9303530
C$_{18}$	100 mm	4.6 mm	5 μm	N9303512	PAH	250 mm	4.6 mm	5 μm	N9303531
C$_{18}$	150 mm	4.6 mm	5 μm	N9303513	PAH	100 mm	4.6 mm	5 μm	N9303527
C$_{18}$	250 mm	4.6 mm	5 μm	N9303514	PAH	150 mm	3.2 mm	5 μm	N9303430
Brownlee 氰基分析柱					Brownlee 苯基分析柱				
Cyano	150 mm	4.6 mm	5 μm	N9303522	苯基	150 mm	4.6 mm	5 μm	N9303524
Cyano	250 mm	4.6 mm	5 μm	N9303523					
Brownlee 硅胶分析柱									
硅胶	150 mm	4.6 mm	5 μm	N9303525					
硅胶	250 mm	4.6 mm	5 μm	N9303526					

4. 检测系统

检测系统的作用是将柱流出物中样品组成和含量的变化转化为可供检测的信号，常用检测器有紫外吸收、荧光、示差折光、化学发光等。

5. 数据处理和计算机控制系统

数据处理系统实现数据记录、图谱积分、定量计算和给出分析报告。控制系统实现泵流量、检查器检测波长、柱箱温度、自动进样、系统安全等多种操作参数的控制，保证仪器各系统协调、高效工作。

活动三　处理流动相

了解、认识设备后，我们将为开机，运行设备做准备。液相色谱的色谱柱的固定相的粒径一般不超过 5 μm，流动相使用前必须过滤和脱气。过滤是为了除去流动相中的杂质，保护系统和柱子。脱气是为了除去溶解在流动相中得气泡，降低色谱分析的基线噪音。过滤装置如图 4-16 所示，过滤膜如表 4-2 所示。

图 4-16　流动相减压过滤装置

表 4-2　HPLC 流动过滤膜（47 mm）

产品编号	说明	包装
66557（亲水性）	0.2 μm，GH Polypro（PP）膜	100 片/包装
66548（亲水性）	0.45 μm，GH Polypro（PP）膜	100 片/包装
66143（疏水性）	0.2 μm，TF（PP）膜	100 片/包装
66149（疏水性）	0.45 μm，TF（PP）膜	100 片/包装
66477（亲水性）	0.2 μm，FP Vericel（PVDF）膜	100 片/包装
66480（亲水性）	0.45 μm，FP Vericel（PVDF）膜	100 片/包装
66602（亲水性）	0.2 μm，Nylaflo（尼龙）膜	100 片/包装
66608（亲水性）	0.45 μm，Nylaflo（尼龙）膜	100 片/包装

注：GHP 膜是过滤流动相的首选膜，聚四氟乙烯（PTFE）膜具有极佳的化学兼容性，适于过滤腐蚀性很强的化学制品和 HPLC 流动相。

脱气，现在一般使用超声波振荡脱气。某超声波振荡脱气装置如图 4-17 所示。

图 4-17　超声波脱气装置

脱气分为超声波振荡脱气和在线连续脱气。超声波振荡脱气，脱气率大约为30%，使用过程中，又将有些气体溶入流动相。在线连续脱气，脱气率大约 70%，效果好，在线脱气是最佳脱气方式。在线脱气组件一般都是选配的。

贮液瓶的流动相，流动相可用甲醇和水配制，如甲醇与水配比为 55∶45（体积比，质量分数均可，甲醇为色谱纯，水为超纯水）。滤膜可用 0.45 μm 的有机膜。先过滤，后脱气。超声波振荡脱气时，将装有配制好的流动相贮液瓶放入装有水的超声波振荡器中，脱气 15～20 min 即可。经过过滤和脱气后，可以将连接好仪器的流动相软管安装到有过滤头的一端，浸入流动相。装有过滤头的软管如图 4-18 所示。

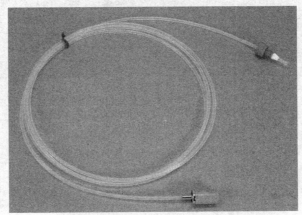

图 4-18　装有过滤头的软管

任务二　使用高效液相色谱仪

活动一　开机，预热仪器

1. 开机前准备

（1）保证液相色谱系统已由工程师进行正确安装和连接。

（2）检查实验室电源、温度和湿度等环境条件，实验室温度保持在 10～40 ℃之间，湿度小于 80%。

（3）根据需要选择和安装合适的色谱柱（通常已由工程师或实验老师进行正确安装和连接）。

（4）在容器中放入已经过滤、脱气的流动相，把吸滤过滤头放入容器中。

（5）检查仪器各部分是否正常，连线是否正确。

2. 开　机

（1）启动：

① 先打开电源启动计算机操作系统，再开启检查器电源开关，然后开启高压泵

电源开关，电源灯亮起。

②打开色谱工作站。

（2）配置：

进入液相色谱工作站，请参阅《色谱工作站使用说明书》。让仪器"自检"。L600-1型液相色谱仪自检过程界面如图4-19所示。

图4-19　仪器自检过程画面

仪器自检完成，如果自检成功，各部件正常，可参阅《色谱工作站使用说明书》，以进行相关工作参数设置。

活动二　工作参数设置

一般先要冲洗高压泵。参阅《色谱工作站使用说明书》，手动旋开泵的排空阀（或打开输液泵的旁路开关），在工作站里设定"冲洗流速"和"冲洗时间"，开始执行泵冲洗操作，注意观察管路系统是否有气泡，一定要把气泡排尽。到达设定的时间，冲洗结束止，手动拧紧泵的排空阀。

排空完毕，参阅《色谱工作站使用说明书》，设置实验条件参数。如设置波长为254 nm，最小工作压力可设置 2 MPa，最大工作压力可设置 28 MPa，流速 0.8 ~ 1.0 mL/min。参数设置好后，待基线平稳。

活动三　进　样

待基线平稳后，可进行样品分析。进样前，一般先要设置样品的进样信息，参阅《色谱工作站使用说明书》，如依次设置文件保存、样品参数等信息。

使用手动进样器进样时，新的进样器最好预先用甲醇和色谱用纯水清洗，并且在进样前和进样后都需用洗针液洗净进样针筒（洗针液一般选择与样品液一致的溶剂），另外进样前必须用样品液清洗进样针筒 3 遍以上。将微量注射器吸取适量的样品（手动进样时，进样量尽量小，使用定量管定量时，进样体积应为定量管的 3 ~ 5 倍），针头向上，排出针筒内的气泡，并用滤纸将针头上残留的液体轻轻吸干，然后将手动进样器的旋钮扳到"LOAD"的位置，连通定量管。如图 4-20 所示。

图 4-20　手动进样器的手柄扳到"LOAD"位置

快速将样品注射进去，然后将手动进样器的手柄顺时针扳到"INJECT"的位置，让定量管与色谱柱相通，使样品能够进入系统中。手柄位置如图 4-21 所示。

图 4-21　手动进样器的手柄扳到"INJECT"位置

待样品的色谱峰流出完毕，停止图谱采集（设定采样时间到，仪器会自动停止采样），保存图谱。

活动四　图谱分析

图谱分析，既可以后台进行，也可以停机后进行。一般工作站都有数据分析处理界面，参阅《色谱工作站使用说明书》，可以通过在主界面选择数据分析界面，打开分析界面。打开保存的色谱图谱数据文件（可以同时打开多个谱图，通过单击谱图对应的页签切换当前显示的色谱图）。某工作站的图谱积分界面如图 4-22 所示。

每次打开数据文件时，工作站会根据当前数据处理方法自动进行积分（积分就是对图谱进行数学的积分运算）处理。如果对当前方法的处理结果不满意，可以修改相应的积分参数，进行手动积分工具。

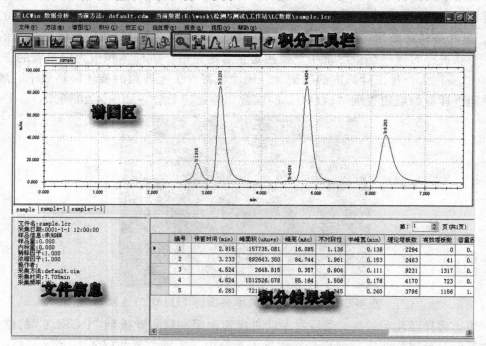

图 4-22 L600-1 工作站的图谱积分界面

积分结果结果一般包含保留时间、峰面积、峰高、峰宽、理论塔板数、有效塔板数、容量因子等内容。

定量计算完毕后可以进行报告输出编辑，打印分析报告。

活动五 结束实验

1. 清洗进样阀

设定流动相的流速为 0.1 ~ 1 mL/min。用注射器吸 10 mL 流动相；将注射针导入口冲洗头（购买仪器时附带的一个白色塑料转接头）连接到注射器出口上（不要针），并将它们一起接到进样口上；使进样阀保持在"INJECT"位置，慢慢将注射器中的液体推入，液体将绕过样品定量管由样品溢出管排出。

2. 清洗管路

关闭氘灯，保持流动相冲洗管路约 30 min（当流动相中有缓冲溶液或盐时，一般先用超纯水以 1 mL/min 冲洗 40 min 以上，再用甲醇或乙腈冲洗 20 min）。

3. 关 机

清洗完成后，先将流速降到 0，再依次关闭电脑主机、显示器、打印机，最后关闭色谱仪各组件（先关高压泵，后关检测器），断开电源，填写使用记录。

活动六 过程评价

表 4-3 认识和使用高效液相色谱仪过程评价

操作项目	不规范操作项目名称	小组互评			教师评价
		是	否	扣分	
认识仪器（共 5 分）	能正确说出各主要部件名称				
准备流动相 （每项 4 分，共 20 分）	能正确配制流动相				
	能选择合适的滤膜				
	能正确安装减压过滤装置				
	能正确过滤				
	能正确脱气				
开机、预热仪器 （每项 4 分，共 20 分）	开机前检查				
	开机顺序正确				
	能正确设定冲洗参数				
	能正确操作排空阀				
	管路系统无气泡				
进样（每项 5 分，40 分）	正确准确试样				
	正确设置工作参数				
	正确清洗进样阀				
	正确润洗进样阀				
	正确操作进样阀手柄				
	基线稳定后进样				
	正确保存图谱				
	正确停止采用				
图谱分析（10 分）	正确打开图谱				
	选择分析方法正确				
	积分信息完整				
	积分结果正确				
结束工作（5 分）	正确清洗进样阀和管路系统				
	正确关机				
	工作台不整理或摆放不整齐				
	正确处理废液				
	无仪器损坏				
总分					

项目二　高效液相色谱法测定试样中百菌清的含量

任务驱动

　　高效液相色谱分析法适用于高沸点不易挥发、分子量大、极性不同的有机物的定性和定量分析。广泛应用于食品质量分析、药物分析、环境污染物分析、农业及产品检测、精细化工、教学及科研等领域。

培养目标

（1）能正确准备、制备样品；
（2）能正确选择、配制、处理流动相；
（3）能正确操作仪器和使用工作站；
（4）能正确建立分析方法，进行色谱分析；
（5）能给出正确的分析报告，结束分析工作。

任务一　准备样品溶液，处理流动相

活动一　准备仪器与试剂

准备仪器

高效液相色谱仪，减压过滤装置，超声波脱气设备，100 mL、50 mL 容量瓶，吸量管，烧杯，10 mL 具塞试剂瓶，玻璃棒，洗瓶，0.45 μm 有机相过滤膜，滤纸片。标签。

 准备试剂

含 98%百菌清原药标准品，百菌清试样，甲醇，蒸馏水。

活动二　配制分析溶液

首先洗净玻璃仪器，准备好试剂，将各种溶液配制好，为后续工作做好准备。

1. 配制标准工作曲线溶液

准确称取 0.1000 g 含 98%百菌清（2, 4, 5, 6-四氯-1, 3-二氰基苯）原药于 100 mL

烧杯中，用少量甲醇溶解后，转移至 100 mL 容量瓶中，并用甲醇洗涤 3~4 次，洗涤液转入容量瓶，然后用甲醇定容至刻度线，摇匀制成 1000 μg/mL 贮备液，用过滤膜过滤后，装入试剂瓶，贴上标签，备用。

吸取过滤后的贮备液 2.5 mL 于 50 mL 容量瓶中，用甲醇稀释，定容至刻度线，摇匀得到 50 μg/mL 的标准溶液，然后分别吸取标准溶液 1 mL、2 mL、3 mL、4 mL、5 mL 于 50 mL 容量瓶中，用甲醇定容至刻度线，得到 1 μg/mL、2 μg/mL、3 μg/mL、4 μg/mL、5 μg/mL 的绘制标准工作曲线的溶液。

样品溶液配制：市面上销售的百菌清普遍含量在 75%左右，是可湿性粉剂。某品牌百菌清包装及粉剂如图 4-23 所示。

图 4-23 某品牌百菌清

2. 配制样品溶液

称取 0.1000 g 百菌清试样于 100 mL 烧杯中，用少量甲醇溶解后转移至 100 mL 容量瓶中，再用少量甲醇洗涤烧杯 3~4 次，洗涤液转移至容量瓶，然后用甲醇定容至刻度线，摇匀。制成样品贮备液，用过滤膜过滤后，装入试剂瓶，贴上标签，备用。

吸取过滤后的样品贮备液 2.5 mL 于 50 mL 容量瓶中，用甲醇稀释，定容至刻度线，摇匀。再从里面吸取 1 mL 于 50 mL 容量瓶中，用甲醇稀释，定容至刻度线，摇匀制成待测样品。

活动三 处理流动相

流动相为甲醇，使用前，必须先减压过滤，滤膜为 0.45 μm 的有机膜，然后脱气。有在线脱气装置的，减压过滤后，倒入流动相试剂瓶中备用。

任务二 冲洗泵

活动一 开启设备，打开工作站

检查流动相是否足够，吸滤过滤头是否浸入流动相底部；检查仪器各部分是否正常，连线是否正确。确认无误后打开电源启动计算机操作系统，开启各部件电源开关，打开色谱工作站，启动设备自检。

活动二　冲洗泵

打开机器，观察指示灯，如不为红色则机器正常。放入容器管路系统是否有气泡，清洗泵头是非常必要的，既能排走管路气泡，又能保证高压输液泵的性能参数。手动清洗时，先手动旋开泵的排空阀，然后设置泵清洗参数，如某型号泵的清洗参数设置如图 4-24 所示。

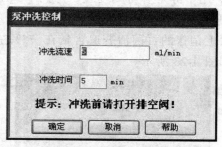

图 4-24　泵的清洗参数设置

设定后，开始执行泵冲洗操作，到达设定的时间，此操作将会自动停止，停止后，手动拧紧泵的排空阀。

任务三　进样，采集色谱数据

活动一　编辑分析方法

编辑分析方法包括新建、调用、修改、保存分析方法。分析方法包含了泵工作参数、进样器参数、色谱柱柱温参数、检查器工作参数、色谱图积分参数等参数的设置。如某高压泵工作参数设置如图 4-25 所示，设置流速为 1 mL/min。

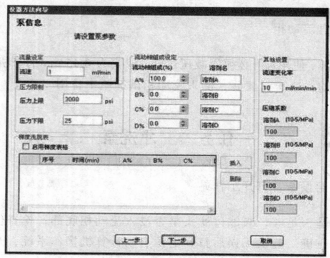

图 4-25　高压泵工作参数设置

某检查器的工作参数设置如图 4-26 所示，设置检测波长为 233.0 nm，运行时间为 5.000 min。

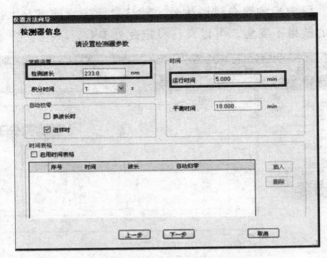

图 4-26 某检查器的工作参数设置

方法编辑完成后，就可以调用该方法。

活动二 启动高压泵和检测器，进样

对于梯度洗脱，选择需要的流动相。等度洗脱，一般默认 A 瓶作为流动相。然后启动高压泵和检测器，现在泵模拟装置开始转动，氘灯发光。观察基线，待基线平稳，图像上下波动范围小于 0.5 nm 时，就可以开始进样了。等待检测结束后，单击文件→保存→色谱数据，设置保存路径并设置文件名，保存色谱数据。依次进样，得到另外五个标准样色谱图和试样色谱图，设置相同的保存路径，分别命名保存。待 6 个标准样检测和试样检测结束后，关闭数据采集界面。

任务四 分析数据

在主窗口里选择数据分析，进入数据分析界面，打开 5 个标准样数据文件。通常，打开色谱图时，默认方式是自动积分，积分结果表会在色谱图下方显示。

如果对当前方法的积分结果不满意，既可以修改积分方法，又可以利用不同的积分参数对色谱图进行重新解读。色谱分析软件提供了丰富的积分处理事件，如禁止积分、增加色谱峰、删除色谱峰、峰翻转、调整色谱峰起落点、多谱图比较、谱图相加减等多种积分事件。

某工作站提供的手动积分工具如图 4-27 所示。该工作站激活积分事件后，数据处理界面左上部分会出现积分事件设定框，色谱图右侧会出现手动积分事件对话框。

左下为文件信息区，右下为积分信息表。

积分事件区有初始积分事件区和手动积分事件表两部分组成。初始积分事件表是全局性的事件，设定后整张色谱图生效。默认参数通常能满足大部分实际数据，如果对自动积分的结果不满意，可以自行设定此处参数。

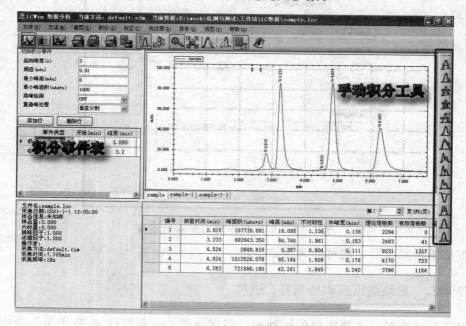

图 4-27　手动积分工具

得到满意的积分结果后，保存图谱。再进行图谱校正，完成定量计算。

任务五　定量计算

活动一　校正色谱图

定量计算前，一般先要校正图谱，得到工作曲线，工作站会根据工作曲线方程计算试样中待测组分含量。新建校正任务，某工作站新建校正任务如图 4-28 所示。

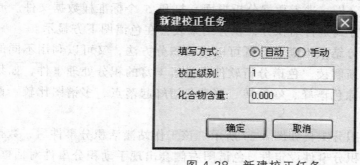

图 4-28　新建校正任务

按照浓度大小顺序，依次打开标准样文件，新增校正内容，分别设置校正级别和浓度，进行校正。五个标准样进行校正后的结果如图 4-29 所示。

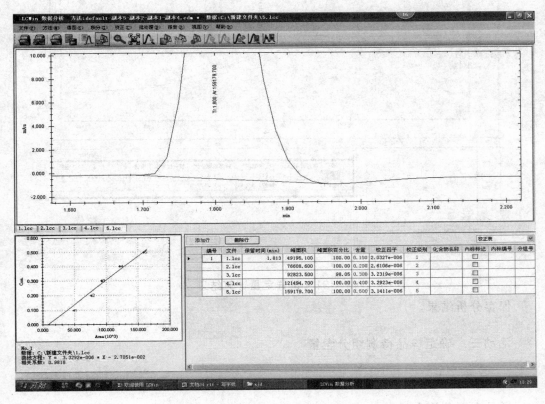

图 4-29 五个标准样进行校正后的工作曲线

保存校正结果。

活动二 定量计算

按照之前打开标准样文件时相同的步骤打开未知样文件，选中未知样文件，选择"分析当前图谱"，工作站会提示选择定量计算方法，这里选择外标法，如图 4-30 所示。

图 4-30 选择定量计算方法

实验结果，记录如图 4-31 所示。

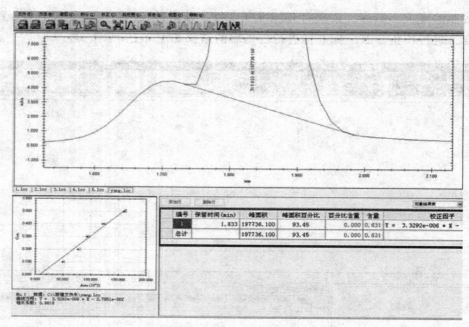

图 4-31　试样定量计算结果

保存分析结果。

活动三　确定样品待测组分含量

1. 计算公式

样品中百菌清含量：

$$w(\%) = \frac{100 \times 50 \times 50}{2.5 \times m(样品) \times 10^6} \times 分析结果 \times 100\%$$

式中　100——样品贮备液容量瓶体积，mL；

　　　50——两次稀释样品贮备液所用容量瓶体积，mL；

　　　2.5——吸取样品贮备液体积，mL；

　　　10^6——样品质量单位换算，g→μg。

2. 数据记录与处理

表 4-4　测量样品中百菌清含量

实验编号　实验内容	1	2	3
倾倒前称量瓶+原药标准品质量/g			
倾倒后称量瓶+原药标准品质量/g			
m（原药标准品）/g			
倾倒前称量瓶+样品质量/g			
倾倒后称量瓶+样品质量/g			

续表

实验编号实验内容	1	2	3
m（样品）/g			
分析结果			
样品中百菌清含量			
样品中百菌清平均含量/%			
相对极差/%			

活动四 编辑打印报告

分析完毕后，可以进行报告编辑，如报告标题、操作人员、样品名称、采样地点、样品编号，操作条件等信息。还可以选择模板文件编辑报告，报告编辑完成后，可选择打印预览，打印报告。

活动五 结束工作

分析工作结束后，做好关机准备。

1. 清洗进样阀

设定流动相的流速为 0.1~1 mL/min。用注射器吸 10 mL 流动相；将注射针导入口冲洗头（购买仪器时附带的一个白色塑料转接头）连接到注射器出口上（不要针），并将它们一起接到进样口上；使进样阀保持在"INJECT"位置，慢慢将注射器中的液体推入，液体将绕过样品定量管由样品溢出管排出。

2. 清洗管路

关闭检测器，保持流动相冲洗管路约 30 min（当流动相中有缓冲溶液或盐时，一般先用超纯水以 1 mL/min 冲洗 40 min 以上，再用甲醇或乙腈冲洗 20 min）。

3. 关 机

清洗完成后，先将流速降到 0，再依次关闭电脑主机、显示器、打印机，最后关闭色谱仪各组件，断开电源，填写使用记录。

活动六 过程评价

表 4-5 测量百菌清含量过程评价

操作项目	不规范操作项目名称	小组互评			教师评价
		是	否	扣分	
玻璃器皿洗涤（每项 1 分，共 3 分）	烧杯挂液				
	移液管挂液				
	容量瓶挂液				

操作项目	不规范操作项目名称	小组互评			教师评价
		是	否	扣分	
容量瓶的定容操作（每项2分，共10分）	试液未冷却或转移操作不规范				
	试液溅出				
	转移溶液不规范				
	稀释至刻线不准确				
	2/3处未平摇或定容后摇匀动作不正确				
移液管操作（每项2分，共10分）	移液管未润洗或润洗不规范				
	吸液时吸空或重吸				
	放液时移液管不垂直				
	移液管管尖不靠壁或触杯底				
	放液后不停留一定时间（约15 s）				
准备流动相（每项2分，共10分）	能正确配制流动相				
	能选择合适的滤膜				
	能正确安装减压过滤装置				
	能正确过滤				
	能正确脱气				
开机、预热仪器（每项2分，共10分）	开机前检查				
	开机顺序正确				
	能正确设定冲洗参数				
	能正确操作排空阀				
	管路系统无气泡				
进样（每项3分，30分）	正确准确试样				
	正确设置工作参数				
	正确清洗进样阀				
	正确润洗进样阀				
	正确操作进样阀手柄				
	基线稳定后进样				
	正确保存图谱				
	正确停止采用				
图谱分析（10分）	正确打开图谱				
	选择分析方法正确				
	积分信息完整				
	积分结果正确				
结果计算编辑打印报告（10分）	计算结果正确				
	能正确编辑、打印报告				

续表

操作项目	不规范操作项目名称	小组互评			教师评价
		是	否	扣分	
结束工作（7分）	正确清洗进样阀和管路系统				
	正确关机				
	工作台不整理或摆放不整齐				
	正确处理废液				
	无仪器损坏				
总分					

知识拓展

一、高效液相色谱分离原理

根据分离机理，高效液相色谱可分为液固吸附色谱、液液分配色谱、键和相色谱、凝胶色谱、离子色谱等。

1. 液-固吸附色谱

（1）分离原理

液-固吸附色谱是基于各组分吸附能力的差异进行混合物分离的。其固定相是固体吸附剂，是一些多孔性的微粒物质。当试样随流动相通过吸附剂时，由于固定相对流动相和试样中各组分的吸附能力不同，与吸附剂结构和性质相似的组分易被吸附，吸附能力强，呈现高保留值，后流出色谱柱，后出峰；反之，与吸附剂结构和性质差异较大的组分不易被吸附，吸附能力弱，先流出色谱柱，先出峰。

（2）固定相与流动相

固定相的固体吸附剂按其性质可分为极性和非极性两类。极性吸附剂有氧化铝、硅胶、硅酸镁、氧化镁、分子筛和聚酰胺等，目前，全多孔型硅胶微粒固定相由于其表面积大、柱效高而成为液固吸附色谱中使用最广泛的固定相，全多孔型硅胶微粒粒径为 $5 \sim 10~\mu m$。非极性吸附剂最常用是高强度多孔微粒活性炭，近年来开始使用 $5 \sim 10~\mu m$ 的多孔石墨化炭黑。

流动相即洗脱液（又称载液）是非常重要的。使用时优先选择黏度小、不溶解样品、不与样品发生吸附反应的洗脱液。选择洗脱液还应考虑洗脱液的极性和强度。洗脱液的强度指溶剂洗脱色谱柱内组分的能力，用参数 ε^0 表示，ε^0 是指固定相（即吸附剂）的表面积为一单位面积时溶剂所具有的吸附能力，ε^0 越大，洗脱能力越强，表明流动相的极性越强。表 4-6 列出了常用流动相的强度参数。

表 4-6　常用流动相的强度参数

溶剂	己烷	氯仿	乙酸乙酯	甲醇	水	乙酸
溶剂强度（ε^0）	0.00	0.26	0.38	0.73	＞0.73	＞0.73

在洗脱过程中，有时采用二元或多元组合溶剂作为流动相，以灵活调节流动相的极性，增加洗脱的选择性，以改进分离或调整出峰时间，该洗脱方式称为梯度洗脱。适于组分复杂的样品，分离过程中逐渐增加 ε^0 值。

液-固吸附色谱常用于极性不同的化合物，异构体的分离与检测。如二氯代苯的保留时间长短顺序如下所示。

液-固吸附色谱法使用的流动相主要为非极性的烃类（如己烷、庚烷）等，某些极性有机溶剂作为缓和剂加入其中，如二氯甲烷、甲醇等，极性越大的组分保留时间越长。

2. 液-液分配色谱

利用混合物中各组分在固定相和流动相中溶解度的差异进行分离。流动相和固定相均为液体，但互不相溶。液-液分配色谱法的分离原理遵守分配定律，分配系数 K 值小的组分，在柱中保留时间短，先流出色谱柱，先出峰；K 值大的，后出峰。

依据固定相和流动相的相对极性不同，液液分配色谱法可分为：

（1）正相液相色谱法（NPLC）：固定相的极性大于流动相的极性，流动相的主体为非极性的己烷、庚烷。适于极性组分的分离。

（2）反相液相色谱法（RPLC）：固定相的极性小于流动相的极性，流动相主体为极性的水。适于非极性组分的分离。

在主体流动相里加入不同极性的溶剂，可以改变流动相对不同组分的洗脱能力。常用溶剂的极性顺序：水（极性最大）>甲酰胺>乙腈>甲醇>乙醇>丙醇>丙酮>二氧六环>四氢呋喃>甲乙酮>正丁醇>醋酸乙酯>乙醚>异丙醚>二氯甲烷>氯仿>溴乙烷>苯>氯丙烷>甲苯>四氯化碳>二硫化碳>环己烷>己烷>庚烷>煤油（极性最小）。

3. 键合相色谱法

键合相色谱法是将不同的有机官能团通过化学反应，共价键合到硅胶载体表面的游离羟基上，生成化学键固定相的色谱分析方法。由于键合固定相非常稳定，在使用中不易流失，且键合到载体表面的官能团可以是各种极性的，因此，它适用于各种样品的分离与检测。目前键合固定相色谱法已逐渐取代液-液分配色谱法，获得了日益广泛的应用，在高效液相色谱法中占有极其重要的地位。

根据键合固定相与流动相相对极性的强弱，键合相色谱法可分为正相键合相色谱法和反相键合相色谱法。

（1）正相键合相色谱法：

键合固定相的极性大于流动相的极性，适用于分离油溶性或水溶性的极性与强极性化合物。其分离原理与液-液分配色谱法相似。固定相用极性有机基团如氰基（—CN）、氨基（—NH$_2$）等键合在硅胶表面制成，试样组分在固定相的分配与分离遵守分配定律。

正相键合相色谱多用于分离各类极性化合物如燃料、炸药、氨基酸和药物等。正相色谱柱多以硅胶为柱填料。根据外形可分为无定型和球型两种，其颗粒直径在 3 ~ 10 μm 的范围内。另一类正相色谱柱的填料是硅胶表面键合—CN，—NH$_2$ 等官能团即所谓的键合相硅胶。

（2）反相键合相色谱法：

键合固定相的极性小于流动相的极性，适用于分离非极性、极性或离子型化合物。

其分离原理可用疏溶剂理论来解释。固定相用极性较小的有机基团如苯基、烷基等键合在硅胶表面制成。疏溶剂理论认为：键合在硅胶表面的非极性或弱极性基团具有较强的疏水性，当用极性溶剂作为流动相来分离含有极性官能团的有机化合物时，一方面组分分子中的非极性部分与疏水基团产生缔合作用，使它保留在固定相中；另一方面，组分分子中极性部分受到极性流动相的作用，促使组分分子解缔，离开固定相。这种缔合和解缔能力的差异，使各组分流出色谱柱的时间不一样，从而达到分离的目的。

其流动相通常采用烷烃（如己烷）加适量极性调节剂（如乙醚、甲基叔丁基醚、氯仿等）混合而成。

反相色谱柱主要是以硅胶为基质，在其表面键合十八烷基官能团（ODS）的非极性填料。也有无定型和球型之分。反相色谱柱常用的其他的反相填料还有键合 C$_8$、C$_4$、C$_2$、苯基等，其颗粒粒径在 3 ~ 10 μm 之间。

在液相色谱中，目前由于十八烷基（简称 ODS 或简写 C$_{18}$）能够用于多种化合物的分离，因此它是最常选用的固定相。

反相键合相色谱法中，流动相一般以极性最大的水为主，加入甲醇、乙腈、四氢呋喃等极性调节剂。极性调节剂的性质及其与水的混合比例对溶质的保留值和分离选择性有显著影响。一般情况下，甲醇水已能满足多数试样的分离要求，且黏度小，价格低，是反相键合相色谱法最常用的流动相。若甲醇-水系统无法满足分离的要求，可选用乙腈-水系统。因为与甲醇相比，乙腈的溶解强度较高且黏度较小，因此，综合来看乙腈-水系统优于甲醇-水系统。但是乙腈的毒性是甲醇的 5 倍，是乙醇的 25 倍，使用时应注意安全。

反相键合相色谱由于操作简单、稳定性好和重现性好，已成为一种通用型液相色谱分析方法，高效液相色谱法中，70% ~ 80%的分析任务是由反相键合相色谱法来完成的。

二、高效液相色谱仪

高效液相色谱仪一般由贮液器、泵、进样器、色谱柱、检测器、工作站等几部分组成，其基本组成如图 4-32 所示。

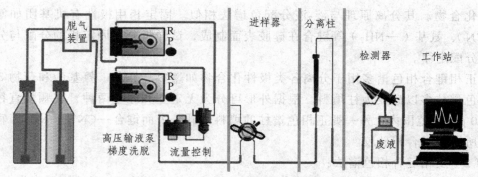

图 4-32　高效液相色谱仪基本组成

　　贮液器中的流动相被高压泵打入系统，样品溶液经进样器进入流动相，被流动相载入色谱柱（固定相）内，由于样品溶液中的各组分在两相中具有不同的分配系数，在两相中做相对运动时，经过反复多次的吸附—解吸的分配过程，各组分在移动速度上产生较大的差别，被分离成单个组分依次从柱内流出，通过检测器时，样品浓度被转换成电信号传送到记录仪，数据以图谱形式打印出来。

　　高效液相色谱一般都配有工作站，简单的分析操作可以在仪器的面板按键上进行设置。现在大家更习惯在工作站上完成各种分析操作。

　　现在，高效液相色谱分析一般先建立（或调用）分析方法；然后进样，得到色谱图，保存色谱图；可以后台或脱机对色谱图进行分析、处理、积分；最后，选择合适的定量方法，校准色谱图，计算试样色谱图中待测组分含量。

　　三、高效液相色谱仪常用检测器

　　检测器的作用是将柱流出物中样品组成和含量的变化转化为可供检测的信号，常用检测器有紫外吸收、荧光、示差折光、化学发光等。

　　1. 紫外-可见吸收检测器（ultraviolet-visible detector，UVD）

　　紫外-可见吸收检测器（UVD）是 HPLC 中应用最广泛的检测器之一，几乎所有的液相色谱仪都配有这种检测器。其特点是灵敏度较高，线性范围宽，噪声低，适用于梯度洗脱，对强吸收物质检测限可达 10^{-9} g，检测后不破坏样品，可用于制备，并能与任何检测器串联使用。紫外-可见检测器的工作原理与结构同一般分光光度计相似，实际上就是装有流动相的紫外-可见光度计。

　　（1）紫外吸收检测器

　　紫外吸收检测器常用氘灯做光源，氘灯则发射出紫外-可见区范围的连续波长，并安装一个光栅型单色器，其波长选择范围宽（190~800 nm）。它有两个流通池，一个作为参比，一个测量用，光源发出的紫外光照射到流通池上，若两流通池都通过纯的均匀溶剂，则它们在紫外波长下几乎无吸收，光电管上接受到的辐射强度相等，无信号输出。当组分进入测量池时，吸收一定的紫外光，使两光电管接受到的辐射强度不等，这时有信号输出，输出信号大小与组分浓度有关。

局限：流动相的选择受到一定限制，即具有一定紫外吸收的溶剂不能做流动相，每种溶剂都有截止波长，当小于该截止波长的紫外光通过溶剂时，溶剂的透光率降至 10%以下，因此，紫外吸收检测器的工作波长不能小于溶剂的截止波长。

（2）光电二极管阵列检测器（photodiodearray detector，PDAD）

也称快速扫描紫外-可见分光检测器，是一种新型的光吸收式检测器。它采用光电二极管阵列作为检测元件，构成多通道并行工作，同时检测由光栅分光，再入射到阵列式接收器上的全部波长的光信号，然后对二极管阵列快速扫描采集数据，得到吸收值（A）是保留时间（t_R）和波长（l）函数的三维色谱光谱图。由此可及时观察与每一组分的色谱图相应的光谱数据，从而迅速决定具有最佳选择性和灵敏度的波长。某光电二极管阵列紫外-可见检测器（DAD）工作原理如图 4-33 所示。

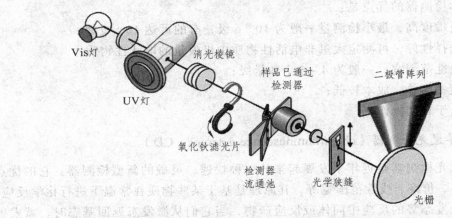

图 4-33　某光电二极管阵列紫外-可见检测器工作原理示意图

单光束二极管阵列检测器，光源发出的光先通过检测池，透射光由全息光栅色散成多色光，射到阵列元件上，使所有波长的光在接收器上同时被检测。阵列式接收器上的光信号学的方法快速扫描提取出来，每幅图像仅需要 10 ms，远远超过色谱流出峰的速度，因此可随峰扫描。

2. 荧光检测器（fluorescence detector，FD）

荧光检测器是一种高灵敏度、有选择性的检测器，可检测能产生荧光的化合物。某些不发荧光的物质可通过化学衍生化生成荧光衍生物，再进行荧光检测。其最小检测浓度可达 10^{-10} g/mL，适用于痕量分析；一般情况下荧光检测器的灵敏度比紫外检测器约高 2 个数量级，但其线性范围不如紫外检测器宽。近年来，采用激光作为荧光检测器的光源而产生的激光诱导荧光检测器极大地增强了荧光检测的信噪比，因而具有很高的灵敏度，在痕量和超痕量分析中得到广泛应用。

3. 示差折光检测器（differentialrefractiveIndex detector，RID）

示差折光检测器是一种浓度型通用检测器，对所有溶质都有响应，某些不能用选择性检测器检测的组分，如高分子化合物、糖类、脂肪烷烃等，可用示差检测器检测。示差检测器是基于连续测定样品流路和参比流路之间折射率的变化来测定样品含量的。光从一种介质进入另一种介质时，由于两种物质的折射率不同就会产生折射。只要样品组分与流动相的折光指数不同，就可被检测，二者相差越大，灵敏度越高，在一定浓度范围内检测器的输出与溶质浓度成正比。

4. 电化学检测器（electrochemical detector，ED）

电化学检测器主要有安培、极谱、库仑、电位、电导等检测器，属选择性检测器，可检测具有电活性的化合物。目前它已在各种无机和有机阴阳离子、生物组织和体液的代谢物、食品添加剂、环境污染物、生化制品、农药及医药等的测定中获得了广泛的应用。其中，电导检测器在离子色谱中应用最多。

电化学检测器的优点是：

（1）灵敏度高，最小检测量一般为 10^{-9} g 级，有的可达 10^{-12} g 级；

（2）选择性好，可测定大量非电活性物质中极痕量的电活性物质；

（3）线性范围宽，一般为 4~5 个数量级；

（4）设备简单，成本较低；

（5）易于自动操作。

5. 化学发光检测器（chemiluminescence detector，CD）

化学发光检测器是近年来发展起来的一种快速、灵敏的新型检测器。它的优点有设备简单、价廉、线性范围宽等。其原理是基于某些物质在常温下进行化学反应，生成处于激发态势的反应中间体或反应产物，当它们从激发态返回基态时，就发射出光子。由于物质激发态的能量是来自化学反应，故叫作化学发光。当分离组分从色谱柱中洗脱出来后，立即与适当的化学发光试剂混合，引起化学反应，导致发光物质产生辐射，其光强度与该物质的浓度成正比。

这种检测器不需要光源，也不需要复杂的光学系统，只要有恒流泵，将化学发光试剂以一定的流速泵入混合器中，使之与柱流出物迅速而又均匀地混合产生化学发光，通过光电倍增管将光信号变成电信号，就可进行检测。这种检测器的最小检出量可达 10^{-12} g。

高效液相色谱仪常见的检测器及其性能见表 4-7。

表 4-7　高效液相色谱仪常见的检测器及其性能

检测器	紫外检测器	示差折光	荧光检测器	电化学检测器	ELSD
类型	选择性	通用型	选择性	选择性	通用型
线性	2.4×10^4	10^4	10^3	10^4	10^4
最小检出量/（g/mL）	10^{-6}	10^{-6}	10^{-9}	10^{-12}	10^{-8}
能否梯度	能	不能	能	不能	能
对流速	不敏感	不敏感	不敏感	敏感	不敏感
对温度	不敏感	敏感	不敏感	敏感	不敏感

技能拓展

内标法测定果汁（苹果汁）中的有机酸

一、实验原理

在食品中，主要的有机酸是乙酸、乳酸、丁二酸、苹果酸、柠檬酸、酒石酸等。有机酸在波长 210 nm 附近有较强的吸收。苹果汁中的有机酸主要是苹果酸和柠檬酸，本实验采用反相高效液相色谱法，在酸性（如 pH 为 2 ~ 5）流动相条件下，抑制有机酸离解，利用分子状态的有机酸的疏水性，使其在 ODS 色谱柱中保留。不同有机酸的疏水性不同，疏水性大的有机酸在固定相中保留强，疏水性小的有机酸在固定相中保留弱，以此得到分离。

二、实验内容和操作步骤

1. 准备工作

（1）流动相的预处理

称取优质纯磷酸二氢铵 460 mg（准确称至 0.1 mg）于一洁净 50 mL 小烧杯中，用蒸馏水溶解，定量移入 1 000 mL 容量瓶，洗涤烧杯 3 ~ 4 次，洗涤液转移至容量瓶内，然后定容至标线，摇匀（此溶液浓度为 4 mmol/L）。用 0.45 μm 水相滤膜减压过滤，脱气。

取蒸馏水 1 000 mL，用 0.45 μm 水相滤膜减压过滤，脱气，进行预处理。

（2）标准溶液的配制

① 标准储备液的配制

称取色谱纯（或优质）苹果酸和柠檬酸各 250 mg 于两个 50 mL 干净的小烧杯中，用蒸馏水溶解，分别定量移入两个 250 mL 的容量瓶，洗涤烧杯，洗涤液移至容量瓶，然后定容至标线，摇匀。此为苹果酸和柠檬酸的标准贮备液。

② 内标溶液的配制：

称取色谱纯（或优质）酒石酸 250 mg 于 50 mL 干净小烧杯中，用蒸馏水稀释溶解，定量移入 250 mL 容量瓶，定容，摇匀。此为内标物（酒石酸）的标准贮备液。

③ 混合标准溶液的配制：

分别移取苹果酸和柠檬酸的标准贮备液各 5 mL 于 50 mL 容量瓶中，再加入 5 mL 内标物（酒石酸）的标准贮备液，定容、摇匀。此为含内标物酒石酸的苹果酸和柠檬酸的混合标准溶液。

（3）试样的预处理

市售苹果汁用 0.45 μm 水相滤膜减压过滤后，至于冰箱中冷藏保存。

（4）试样待测溶液的配制

移取预处理后的苹果汁 20 mL 于 50 mL 容量瓶中，加入 50 mL 内标物（酒石酸）的标准贮备液，定容、摇匀，此为含内标物的市售苹果汁待测溶液。

（5）色谱柱的安装和流动相的更换

将 PE Brownlee C$_{18}$色谱柱（5 μm，4.6 mm i.d.×150 mm）安装在色谱仪上，将流动相更换成已处理过的 4 mmol/L 磷酸二氢铵溶液。

> **注 意**
>
> 美国 PE 色谱柱 Brownlee C$_{18}$分析柱适用于众多酸性至中性疏水化合物。它是一种性能卓越的全功能色谱柱。pH 范围：2.5～7.5；温度限：80 ℃；孔径：11 nm；碳载量：13%。也可以选择其他品牌类似色谱柱。

（6）高效液相色谱仪的开机

开机，将仪器调试到正常工作状态，流动相流速设置为 1.0 mL/min；柱温 30～40 ℃；紫外检测波长 210 nm。

2. 苹果酸、柠檬酸的标准溶液的分析测定

待基线稳定后，用 100 μL 平头微量注射器分别吸取苹果酸和柠檬酸的标准溶液各 30 μl（实际进样体积以定量管的体积为准，一般为 20 μL），记录下各样品对应的文件名，并打印出优化处理后的色谱图和分析结果。

3. 含内标物的苹果酸、柠檬酸的混合物标准溶液的分析测定

待基线稳定后，用 100 μL 平头微量注射器吸取含内标物的苹果酸和柠檬酸的标准溶液各 30 μL，记录下各样品对应的文件名，并打印出优化处理后的色谱图和分析结果。平行测定 3 次。

4. 苹果汁测试样品的分析测定

待基线稳定后，用 100 μL 平头微量注射器吸取含内标物的市售苹果汁测定溶液 30 μL（实际进样体积以定量管的体积为准），记录下各样品对应的文件名，并打印出优化处理后的色谱图和分析结果。平行测定 3 次。

将苹果汁样品的分析色谱图与苹果汁和柠檬酸标准溶液色谱图比较即可确定苹果汁中苹果酸和柠檬酸的峰位置。

数据分析与处理可由工作站完成。

> **注 意**
>
> 如果苹果酸和柠檬酸与邻近峰分离不完全，应适当调整流动相配比和流速，再重复（2）（3）（4）的步骤。

5. 结束工作

（1）所有样品分析结束后，按正常的步骤关机，先按下工作站的泵停止按钮，再关氘灯，然后关闭工作站，最后关闭高效液相色谱仪的紫外检测器电源和高压泵电源。

（2）清理台面，填写仪器使用记录。

目标检测

一、单选题

1. 高效液相色谱仪与气相色谱仪比较增加了（　　　）。
   A. 检测器　　　　　　　　　　　B. 恒温器
   C. 高压输液泵　　　　　　　　　D. 程序升温

2. 高效液相色谱分离柱的长度一般为（　　　）。
   A. 10 ～ 30 cm　　　　　　　　　B. 20 ～ 50 m
   C. 1 ～ 2 m　　　　　　　　　　 D. 2 ～ 5 m

3. 高效液相色谱仪的通用型检测器是（　　　）。
   A. 紫外吸收检测器　　　　　　　B. 示差折光检测器
   C. 热导池检测器　　　　　　　　D. 氢焰检测器

4. 液相色谱流动相过滤必须使用孔径为（　　　）μm 的过滤膜。
   A. 0.5　　　　　　　　　　　　　B. 0.45
   C. 0.6　　　　　　　　　　　　　D. 0.55

5. 描述"梯度洗脱"正确的是（　　　）。
   A. 从分离开始到结束，使流动相的强度（或极性）逐渐增强。
   B. 从分离开始到结束，使流动相的强度（或极性）逐渐减弱。
   C. 从分离开始到结束，可根据需要随意调整流动相的强度。
   D. 从分离开始到结束，可任意改变流动相的强度。

6. 在 HPLC 中，关于 ODS 正确的是（　　　）。
   A. 为正相键合相色谱的固定相　　B. 是非极性固定相
   C. 是硅胶键合辛烷基得到的固定相　　D. 是高分子多孔微球

7. 在液相色谱法中，按分离原理分类，液固色谱法属于（　　　）。
   A. 分配色谱法　　　　　　　　　B. 排阻色谱法
   C. 离子交换色谱法　　　　　　　D. 吸附色谱法

8. 液液分配色谱法的分离原理是利用混合物中各组分在固定相和流动相中溶解度的差异进行分离的，分配系数大的组分（　　　）大。
   A. 峰高　　　　　　　　　　　　B. 峰面积
   C. 峰宽　　　　　　　　　　　　D. 保留值

9. 在高效液相色谱中，紫外检测器的最低检出量可达（　　　）g/mL。

A. 10^{-6}　　　　　　　　　　　　　　　　B. 10^{-8}

C. 10^{-10}　　　　　　　　　　　　　　　D. 10^{-12}

二、判断题

1. 在液相色谱分析中选择流动相组分的比例，比选择柱温更重要。（　　　）

2. 高效液相色谱中，分离系统主要包括色谱柱管、固定相和柱箱。（　　　）

3. 液相色谱，流动相的最高输送压力可达 60 MPa，流速可达 10 mL/min。（　　　）

4. 液相色谱中，串联式柱塞往复泵的两个泵头有主次之分。（　　　）

5. 液相色谱中，高压洗脱是先将流动相组分混合后，再用高压泵增压。（　　　）

6. 液相色谱中，过滤甲醇流动相时，要用亲水性的过滤膜。（　　　）

7. 液相色谱的流动相配置完成后应先进行超声，再进行过滤。（　　　）

8. 液相色谱中，色谱柱清洗时，应该打开输液泵排空阀在；流动相及管路系统有气泡，冲洗时应关闭输液泵排空阀。（　　　）

9. 高效液相色谱中，各组分的分离是基于各组分吸附力的不同。（　　　）

10. 高效液相色谱分析中，固定相极性大于流动相极性称为正相色谱法。（　　　）

三、填空题

1. 高效液相色谱法具有＿＿＿＿＿＿、＿＿＿＿＿＿、＿＿＿＿＿＿、＿＿＿＿＿＿，适用范围广，试样用量少等特点。

2. 高效液相色谱仪一般由＿＿＿＿＿＿系统、＿＿＿＿＿＿系统、＿＿＿＿＿＿系统、＿＿＿＿＿＿系统和数据处理和计算机控制系统组成。

3. 凸轮输液泵主要由＿＿＿＿＿＿、＿＿＿＿＿＿、＿＿＿＿＿＿、＿＿＿＿＿＿和活塞缸组成。

4. 六通进样阀采样时，先将阀柄置于＿＿＿＿＿＿位置，用平头针注入试样，多余的试样自动溢出。然后将六通阀手柄＿＿＿＿＿＿针转动＿＿＿＿＿＿置于＿＿＿＿＿＿，流动相与＿＿＿＿＿＿接通，样品被流动相带到色谱柱进行分离。

5. 液相色谱常用检测器有＿＿＿＿＿＿、＿＿＿＿＿＿、＿＿＿＿＿＿、化学发光等检测器。＿＿＿＿＿＿检测器对强吸收物质检测限可达 10^{-9} g，检测时＿＿＿＿＿＿破坏样品。

6. 在液-固吸附色谱中，对复杂组分样品的分析，常用梯度洗脱，梯度洗脱的含义是＿＿＿＿＿＿＿＿＿＿＿＿＿＿＿＿＿＿＿＿。常用硅胶和氧化铝固定相的洗脱液是＿＿＿＿＿＿和＿＿＿＿＿＿的混合物，通过调节不同的配比，配成不同极性的洗脱液，提高吸附、分离的选择性。吸附能力强的，呈现＿＿＿＿保留值，后流出色谱柱＿＿＿＿出峰。

7. 键合相色谱法中，正相键合相色谱法是指键合固定相的极性＿＿＿＿＿＿流动相的极性，适用于分离＿＿＿＿＿＿或＿＿＿＿＿＿的极性与强极性化合物，反相键合相色谱法是指键合固定相的极性＿＿＿＿＿＿流动相的极性，适用于分离非极性、极性或离子型化合物。非极性烷基键合相目前应用广泛，尤其是＿＿＿＿＿＿反相键合相（简称 DOS）应用最广。

8. 正相键合相色谱的流动相的主体成分是_____或_____，反相键合相色谱的流动相的主体成分是_____。实际使用中，一般采用_____体系已能满足多数样品的分离要求。

9. 根据分离机理，高效液相色谱可分为_____、_____、_____凝胶色谱、离子色谱等。

四、计算题

1. 用高效液相色谱法测定吲哚二羧酸中主成分的含量，已知在分析条件下所有组分都出峰，且分离完全，根据测定数据（表 4-8）计算吲哚羧酸中主成分（出峰时间在 5.7 min 左右）的含量。

表 4-8　高效液相色谱法测定吲哚二羧酸中主成分的含量实验数据

序 号	1	2	3	4	5
保留时间/min	3.54	3.96	4.82	5.72	7.15
峰面积/mV·min	7620	11694	4605	5325106	4372

2. 用液相色谱法测定叶酸片（5 mg/片）中叶酸含量。称取对照品 5 mg，加 30 mL 0.5%氨水溶解，用水定容至 50 mL，20 μL 进样得叶酸峰面积为 92 800；另取已研成粉末的叶酸片剂 91.5 mg，同法测定得叶酸峰面积为 91 750，求叶酸片剂的质量分数（已知平均每片质量为 92.2 mg）。

模块五　电化学分析

项目一　电位法测量水溶液的 pH

任务驱动

　　水在生产、生活中是不可或缺的。特别是在化工生产、环境保护等领域，监测水溶液的酸碱度是非常重要的。地表水环境质量标准 GB3838—2002 明确规定，地表水的 pH 在 6～9 之间。GB6920 86 水质——pH 的测定，指定用玻璃电极法测定饮用水、地面水及工业废水的 pH。

　　pH 玻璃电极是典型的 H^+ 选择性指示电极，仅对 H^+ 敏感。指示电极是指电极电位随待测离子浓度变化而改变的电极。它的下端是一个由特殊玻璃制成的球形玻璃膜，厚 30～100 μm，膜内密封以 0.1 mol/L HCl 内参比电解液，在内参比电解液中浸入银-氯化银电极作为内参比电极。参比电极是提供标准电位的电极，比如 25 ℃ 时使用较多的饱和甘汞电极（SCE）25 的电位 $\varphi_{Hg_2Cl_2/Hg}=0.2438$ V。0.1 mol/L HCl Ag-AgCl 电极的电位 $\varphi_{AgCl/Ag}=0.2880$ V。

　　玻璃电极的内电阻很高，因此电极引出线和连接导线要求高度绝缘，以防漏电和周围电场的影响。

　　实际使用中，常用复合 pH 玻璃电极代替 pH 玻璃电极，使用更方便。复合 pH 玻璃电极由 pH 玻璃电极、AgCl/Ag 电极或 pH 玻璃电极、Hg_2Cl_2/Hg 甘汞电极复合而成。其结构原理如图 5-1 所示。

　　使用前，复合 pH 玻璃电极应在蒸馏水中浸泡 24 h 以上，使玻璃膜表面形成水化层。当其浸入待测溶液时，溶液中的 H^+ 与球泡薄膜外表面的水化层进行离子迁移和交换，平衡时，玻璃电极水化层膜内外两侧的电位差就称为膜电位。

　　复合 pH 玻璃电极与待测溶液组成工作电池，用精密毫伏计（如 pHS-3C 型 pH 计）测量电池的电动势。

　　25 ℃ 时工作电池的电动势为：

$$E = K' + 0.0592\,\mathrm{pH}_{\text{试}} \tag{5-1}$$

式中，K' 是与复合 pH 玻璃电极材料、封装特性有关的常数。由于 K' 准确值无法测量，温度又影响电极的电位和水的电离平衡，所以仪器使用前要校准。

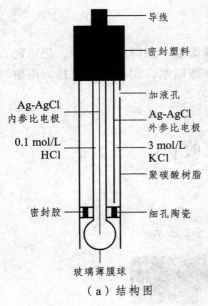

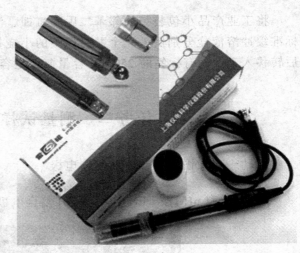

（a）结构图　　　　　　　　　　（b）实物图

图 5-1　复合 pH 玻璃电极

培养目标

（1）能正确配制标准缓冲溶液；
（2）能正确安装、清洗复合 pH 玻璃电极；
（3）能正确调整 pH 计的工作温度；
（4）能正确标定 pH 计和 pH；
（5）能正确清洗、拆装电极，保存仪器。

任务一　配制标准缓冲溶液

活动一　准备仪器与试剂

准备仪器

pHS-3C 型 pH 计，E-201-C 型 pH 复合电极，250 mL 容量瓶，烧杯，玻璃棒，洗瓶，滤纸片，标签。

准备试剂

邻苯二甲酸氢钾，混合磷酸盐，四硼酸钠，待测试样 A，待测试样 B，蒸馏水。

活动二　配制标准缓冲溶液

将工业产品小包装袋的邻苯二甲酸氢钾、混合磷酸盐、四硼酸钠剪开，把三种标准缓冲溶液盐分别倒入三个贴有标签的小烧杯，加蒸馏水，用玻璃棒搅拌，溶解后转移入三个贴有标签的 250 mL 容量瓶，定容，摇匀。

任务二　测量试样溶液的 pH

活动一　认识仪器，安装复合电极

pHS-3C 型 pH 计，E-201-C 型 pH 复合电极如图 5-2 所示。

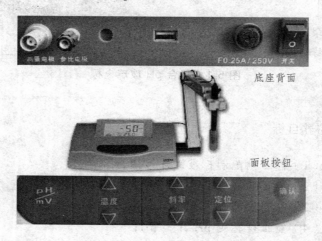

底座背面

面板按钮

图 5-2　pHS-3C 型 pH 计

把复合 pH 电极架在支架上，整理好导线，旋出 pHS-3C 型 pH 计测量电极的短路帽，把复合 pH 电极的接口旋入 pHS-3C 型 pH 计的测量电极接口上，完成电极安装。

活动二　清洗复合电极

将 E-201-C 型 pH 复合电极下端装有电极保护液的电极保护套拔下，并且拉下电极上端的橡皮套，使其露出上端小孔。电极上端朝上，防止电极液漏出，用去离子蒸馏水仔细清洗电极，特别是电极下端的球状玻璃膜。洗涤电极如图 5-3 所示。清洗完后用滤纸擦干电极。

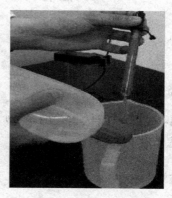

图 5-3　清洗复合电极

活动三　校准仪器

1. 开机预热

打开电源开关，预热仪器。

2. 设置温度

先按"温度"键，进入溶液温度调节状态，此时数字后面显示温度单位 °C，如图 5-4 所示。再按"▲"或"▼"键，调节温度显示数值上升或下降，使仪器显示温度与溶液温度相同，然后按"确认"键。仪器回到 pH 测量状态。

图 5-4　设定温度

3. 标　定

pH 复合电极使用前需要校准。

（1）第一点标定（校准）：把电极浸入装有 60 mL 左右 pH=6.86 的缓冲溶液的小烧杯里。轻摇小烧杯，让溶液浓度均匀。按"标定"键，仪器会提示用户是否进行标定，仪器显示如图 5-5 所示。如果用户需要标定，按"确定"键，此时屏幕显示如图 5-6 所示。

图 5-5　是否标定提示

图 5-6　第一点标定按"确定"显示

待数字显示稳定后，再按"确定"键，显示如图 5-7 所示。

图 5-7　第一点标定第二次按"确定"显示

（2）第二点标定（校准）：取出电极，用去离子蒸馏水清洗电极。然后把电极插入与待测溶液 pH 相近的标准缓冲溶液，如 pH = 9.18 的标准缓冲溶液中，待数字显示稳定后，按"斜率"键，再按"确定"键，仪器自动识别当前温度下的标准 pH。此时屏幕显示如图 5-8 所示。

然后再按"确定"键，完成标定。仪器存贮当期标定结果，并显示斜率和 E_0 值，返回测量状态屏显如图 5-9 所示。

图 5-8　第二点标定按"斜率""确定"显示　　　　　图 5-9　标定完成显示

活动四　测量溶液 pH

经标定过的仪器，即可用来测量被测溶液，根据被测溶液与标定溶液温度是否相同，其测量步骤也有所不同。

1. 被测溶液与标定溶液温度相同

（1）用去离子蒸馏水清洗电极，再用被测溶液润洗一次。

（2）把电极浸入被测溶液中，用玻璃棒搅拌溶液，使其均匀，待屏显数字稳定后读出溶液的 pH。

2. 被测溶液和标定溶液温度不同

（1）用去离子蒸馏水清洗电极，再用被测溶液润洗一次。

（2）用温度计测出被测溶液的温度值。

（3）按"温度"键，使仪器进入溶液温度设置状态，再按"▲"或"▼"键，调节温度显示数值上升或下降，使温度显示值和被测溶液温度值一致，然后按"确认"键，仪器确定溶液温度后回到 pH 测量状态。

（4）把电极插入被测溶液内，用玻璃棒搅拌溶液，使其均匀，待屏显数字稳定后读出溶液的 pH。某溶液测量结果如图 5-10 所示。

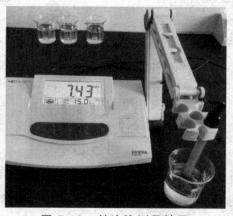

图 5-10　某溶液测量结果

活动五　结束实验

实验结束，关闭仪器电源，清洗电极。离开实验室前，请注意：

（1）断开电源！

（2）仪器的插座必须保持清洁、干燥，切忌与酸、碱、盐溶液接触。

（3）仪器不使用，短路帽要接上，以免仪器输入开路损坏仪器。

（4）建议将电极插入电极保护液（3 mol/L KCl 溶液）中，长期不用，将电极放回盒子，室温保存。

活动六 过程评价

表 5-1 电位法测量水溶液的 pH 过程评价

操作项目	不规范操作项目名称	小组互评			教师评价
		是	否	扣分	
玻璃器皿洗涤 （每项 1 分，共 3 分）	烧杯挂液				
	移液管挂液				
	容量瓶挂液				
容量瓶的定容操作 （每项 4 分，共 20 分）	试液未冷却或转移操作不规范				
	试液溅出				
	转移溶液不规范				
	稀释至刻线不准确				
	2/3 处未平摇或定容后摇匀动作不正确				
移液管操作 （每项 4 分，共 20 分）	移液管未润洗或润洗不规范				
	吸液时吸空或重吸				
	放液时移液管不垂直				
	移液管管尖不靠壁或触杯底				
	放液后不停留一定时间（约 15 s）				
仪器操作 （每项 4 分，40 分）	正确开机，预热仪器				
	正确安装电极				
	正确清洗电极				
	正确润洗电极				
	正确设置标定温度				
	正确完成第一点校准复合 pH 玻璃电极				
	正确设置斜率				
	正确完成第二点校准复合 pH 玻璃电极				
	正确完成标定				
	正确完成仪器、电极使用后的结束工作				
数据记录及处理 （8 分）	不记在规定的记录纸上，扣 5 分				
	计算过程及结果不正确，扣 5 分				
	有效数字位数保留不正确或修约不正确，扣 1 分				

续表

操作项目	不规范操作项目名称	小组互评			教师评价
		是	否	扣分	
结束工作（9分）	玻璃仪器不清洗或未清洗干净				
	废液不处理或不按规定处理				
	工作台不整理或摆放不整齐				
损坏仪器（4分）	每损坏一件仪器扣4分				
总分					

项目二　电位滴定法标定 NaOH 标准滴定溶液

任务驱动

　　电位滴定法是在滴定过程中通过测量电位变化以确定滴定终点的滴定分析法。随着滴定剂的加入，由于发生化学反应，被测离子的浓度不断发生变化，因而指示电极的电位随之变化，在化学计量点附近，被测离子浓度发生突变，引起电极电位发生突跃，因此根据电极电位的突跃可确定滴定终点。电位滴定法不必借助指示剂颜色变化来指示滴定终点。

　　电位滴定现在普遍采用自动电位滴定仪进行滴定操作。电位滴定具有许多优点：测定准确度高，相对误差可控制在 0.2% 以内；可用于有颜色或浑浊溶液的滴定；可用于微量组分的测定；可进行连续滴定和自动滴定；可动态观察滴定曲线，实时分享实验数据。选择不同的电极，分别可进行酸碱滴定、配位滴定、氧化还原滴定、沉淀滴定、非水滴定、卡尔费休水分滴定。某自动电位滴定仪及结构如图 5-11 所示。

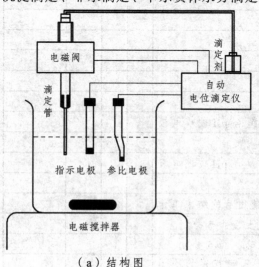

（a）结构图

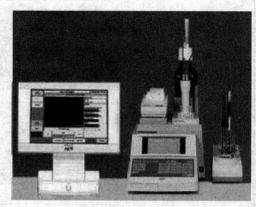

（b）实物图

图 5-11　某自动电位滴定仪

培养目标

（1）能根据滴定类型选择合适的电极；
（2）能正确校准电极；
（3）能正确操作仪器，设定滴定参数；
（4）能正确进行滴定操作；
（5）能正确清洗、润洗滴定池、滴定管、电极，保存仪器。

任务一　配制标准缓冲溶液

活动一　准备仪器与试剂

准备仪器

MaxTitra 30M 电位滴定仪等，E-201-C 型 pH 复合电极等，250 mL 容量瓶，烧杯，玻璃棒，洗瓶，滤纸片，标签。

准备试剂

邻苯二甲酸氢钾，四硼酸钠，基准物质邻苯二甲酸氢钾，待标定 NaOH 标准溶液，蒸馏水。

活动二　配制标准缓冲溶液

将工业产品小包装袋的邻苯二甲酸氢钾、四硼酸钠剪开，把两种标准缓冲溶液盐倒入两个贴有标签的小烧杯，加蒸馏水，用玻璃棒搅拌，溶解后分别转移入两个贴有标签的 250 mL 容量瓶，定容，摇匀。

任务二　认识仪器　校准 pH 复合电极

活动一　认识仪器，安装复合电极

上海天美 MaxTitra 30M 自动电位滴定仪如图 5-12 所示。

仪器背后有 TPT 电极接口（连接 TPT-74 电极，用于卡尔费休水分测定），IE 插座（连接复合电极、玻璃电极或其他指示电极），RE 插座（连接参比电极），TE 插座（连接温度电极 TE-401）；还有与计算机、打印机等电子设备相连接的接口。

仪器按钮面板如图 5-13 所示。

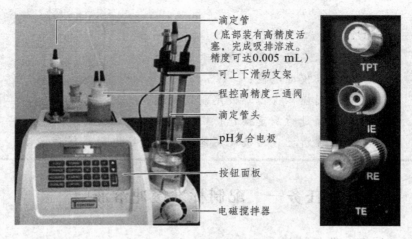

图 5-12　MaxTitra 30M 自动电位滴定仪

图 5-13　MaxTitra 30M 自动电位滴定仪面板按钮

PURGE，此键用于清洗滴定管；

TITRATION，按下此键开始滴定；

HOLD/SAMPLE，暂停键，在卡尔费休滴定中，注射样品前需按下此键；

STOP/BLANK，按下此键，可随时停止滴定；

STIRRER，此键用于搅拌器的开或关，以及调节搅拌速度；

CONDITION，此键用于选择包含给定滴定参数的文件；

S.SIZE/NO.，此键用于输入样品量和样品序号；

OPTION，此键用于选择所希望的选项参数。

活动二　校准 pH 复合电极

本实验由于要用基准物质邻苯二甲酸氢钾标定 NaOH 标准滴定溶液，标定过程 pH 变化范围较大，故选用邻苯二甲酸氢钾和四硼酸钠标准缓冲溶液校准 pH 复合电极。安装好电极，准备好洗瓶、废液杯、擦拭滤纸。

（1）开机，预热仪器。

（2）清洗电极，将电极浸入装有约 60mL pH=9.18 的四硼酸钠缓冲溶液的小烧杯中。

（3）设置校准参数

按 OPTION 键，输入"2"，按 ENTER 键，出现如图 5-14 屏显，在闪烁处，输入"2"，设置校准点数（一般采用两点校准）。按 ENTER 键，屏显提示输入第一点校准的 pH 值，这里输入"9.18"。按 ENTER 键，屏显提示输入第二点校准的 pH 值，这里输入"4.00"。按 ENTER 键。按 OPTION 键回到初始屏显。

图 5-14 设置电极校准参数

再按 OPTION 键，输入"1"，按 ENTER 键，出现如图 5-15 屏显，再按 ENTER 键，出现第一点校准值 9.18 和实时测定值。再按 ENTER 键，出现第二点校准值 4.00 和实时测定值。

图 5-15 校准电极

按 ENTER 键，校准完成，可见屏显显示的实时值为 4.00。再按 OPTION 键回到初始屏显。

任务三 标定 NaOH 标准滴定溶液

活动一 清洗、润洗滴定管

先用蒸馏水清洗滴定管，再用待装液润洗滴定管，一定要把管路系统的气泡排除掉。

（1）将导管插入装有蒸馏水瓶的底部。

（2）设置清洗参数

按 OPTION 键，输入"9"，按 ENTER 键，出现如图 5-16 屏显，设置洗涤消耗所用体积，系统默认体积为 20 mL。设置好后回车，按 OPTION 键回到初始屏显。

将废液杯放在滴定管下面，按 PURGE，出现如图 5-17 屏显，设置清洗次数，系统默认为 3 次。这里设置为 2 次，按 ENTER 键，清洗开始，屏幕显示正在洗涤的次数和实时洗涤的体积，如图 5-18 所示。

图 5-16 设置洗涤所有体积 　　图 5-17 设置洗涤次数 　　图 5-18 实时洗涤显示

清洗完毕，润洗导管，将导管插入待标定的氢氧化钠标准溶液里。将洗涤次数设置为 3 次，润洗滴定管。

活动二 标定 NaOH 标准滴定溶液

准确称取基准物质邻苯二甲酸氢钾 5.0 ~ 5.2 g，倒入小烧杯中，用蒸馏水溶解，转移到 250 mL 容量瓶，定容、摇匀。用移液管移取 20.00 mL 放入 100 mL 的装有瓷针的小烧杯中，放在电磁搅拌器上，浸入电极，调整好滴定管头的位置，按 TITRATION 键，标定自动进行。标定完成后，仪器屏幕会显示终点编号和标定终点所消耗的 NaOH 标准滴定溶液体积，如图 5-19 所示。记录消耗 NaOH 标准滴定溶液体积。平行标定三次。

图 5-19 滴定终点

活动三 数据记录与处理

1. 计算公式

$$c(KHC_8H_4O_4) = \frac{m(KHC_8H_4O_4)}{M(KHC_8H_4O_4) \times 250 \times 10^{-3}} \qquad (5-2)$$

$$c(NaOH) = \frac{c(KHC_8H_4O_4) \times 20.00 \times 10^{-3}}{V(NaOH)} \qquad (5-3)$$

2. 数据记录与处理

表 5-2 NaOH 标准滴定溶液的标定

实验内容	实验编号		
	1	2	3
m（倾倒前称量瓶+$KHC_8H_4O_4$）/g			
m（倾倒后称量瓶+$KHC_8H_4O_4$）/g			
m（$KHC_8H_4O_4$）/g			
c（$KHC_8H_4O_4$）/（mol/L）			
V（$KHC_8H_4O_4$）/mL	20.00	20.00	20.00
标定消耗 V（NaOH）/mL			
c（NaOH）/（mol/L）			
$\overline{c}$（NaOH）/（mol/L）			
相对极差/%			

活动四 结束工作

用蒸馏水洗涤电极和滴定管头。将仪器的洗涤次数设置为 3 次，洗涤体积设置为 20 mL，用蒸馏水洗涤滴定管及管路系统。关闭电源，取出电极，套上短路帽，把电极插入保护套（保护液要没过玻璃膜）中。整理台面，填写使用记录。

> **注　意**
>
> （1）电极不要长时间置于溶液中，长期不用，应保存在纯水里。
> （2）当电极内电解溶液较少时，要及时补充，每种电极有对应的电解液。
> （3）滴定管不能长期存装溶液，不用时应用蒸馏水洗涤洁净并清空。

活动五　过程评价

表 5-3　电位滴定法标定 NaOH 标准滴定溶液过程评价

操作项目	不规范操作项目名称	小组互评			教师评价
		是	否	扣分	
基准物和试样称量操作（每项2分，共20分）	不看水平				
	不清扫或校正天平零点后清扫				
	称量开始或结束零点不校				
	用手直接拿取滴瓶				
	滴瓶放在桌子台面上				
	称量时或滴样时不关门，或开关门太重使天平移动				
	称量物品洒落在天平内或工作台上				
	离开天平室物品留在天平内或放在工作台				
	工业硫酸试样称样量超出称量范围				
	工业硫酸试样称样量超出5%				
	每重称1份，在总分中扣5分				
玻璃器皿洗涤（每项1分，共3分）	滴定管挂液				
	移液管挂液				
	容量瓶挂液				
容量瓶的定容操作（每项2分，共10分）	试液未冷却或转移操作不规范				
	试液溅出				
	烧杯洗涤不规范				
	稀释至刻线不准确				
	2/3处未平摇或定容后摇匀动作不正确				
移液管操作（每项2分，共10分）	移液管未润洗或润洗不规范				
	吸液时吸空或重吸				
	放液时移液管不垂直				

续表

操作项目	不规范操作项目名称	小组互评			教师评价
		是	否	扣分	
移液管操作 （每项 2 分，共 10 分）	移液管管尖不靠壁或触杯底				
	放液后不停留一定时间（约 15 s）				
仪器操作 （每项 4 分，40 分）	正确开机，预热仪器				
	正确安装电极				
	正确清洗、润洗电极				
	正确配制缓冲溶液				
	正确设置复合 pH 玻璃电极校准参数				
	正确校准复合 pH 玻璃电极				
	正确设置洗涤体积和洗涤次数				
仪器操作 （每项 4 分，40 分）	正确洗涤、润洗滴定管和管路系统				
	正确完成标定				
	正确完成仪器、电极的结束工作				
数据记录及处理 （8 分）	不记在规定的记录纸上，扣 5 分				
	计算过程及结果不正确，扣 5 分				
	有效数字位数保留不正确或修约不正确，扣 1 分				
结束工作（9 分）	玻璃仪器不清洗或未清洗干净				
	废液不处理或不按规定处理				
	工作台不整理或摆放不整齐				
损坏仪器（4 分）	每损坏一件仪器扣 4 分				
总分					

■ 知识拓展

一、工作电极

1. 参比电极

参比电极是用来提供电位标准的电极。对参比电极的主要要求是：电极的电位值已知且恒定，受外界影响小，对温度或浓度没有滞后现象，具备良好的重现性和稳定性。电位分析法中最常用的参比电极是甘汞电极和银-氯化银电极，尤其是饱和甘汞电极（SCE）。

（1）甘汞电极

饱和甘汞电极的构造如图 5-20 所示，电极是由两个玻璃套管组成，内管中封接一根铂丝，铂丝插入甘汞层中；外管中装入一定饱和氯化钾溶液，电极下端与被测溶液接触的部分用熔结瓷芯等多孔物封住。

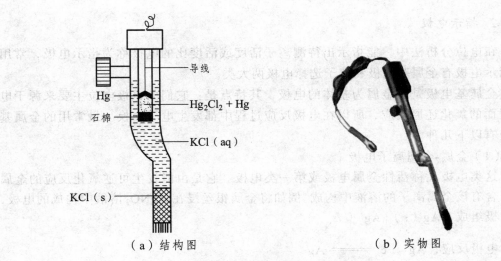

（a）结构图　　　　　　　　（b）实物图

图 5-20　单盐桥甘汞电极

电极符号：

$$Hg \mid Hg_2Cl_2(s) \mid KCl(x \, mol/L)$$

电极反应：

$$Hg_2Cl_2 + 2e^- \rightleftharpoons 2Hg + 2Cl^-$$

25 ℃时，电极电势：

$$\varphi_{Hg_2Cl_2/Hg} = \varphi_{Hg_2Cl_2/Hg}^{\ominus} - 0.0592 \lg \alpha(Cl^-)$$

（2）银-氯化银电极

银-氯化银电极是由一根表面镀 AgCl 的 Ag 丝插入用 AgCl 饱和的 KCl 溶液中构成，如图 5-21 所示，电极端的管口用多孔物质封住。

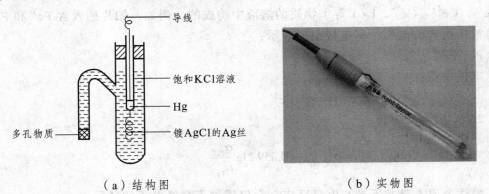

（a）结构图　　　　　　　　（b）实物图

图 5-21　银-氯化银电极

电极符号：$Ag \mid AgCl(s) \mid KCl(x \, mol/L)$

电极反应：$AgCl + 2e^- \rightleftharpoons Ag + Cl^-$

25 ℃时，电极电势：$\varphi_{AgCl/Ag} = \varphi_{AgCl/Ag}^{\ominus} - 0.0592 \lg \alpha(Cl^-)$

2. 指示电极

在电位分析法中，能指示出待测离子活度或活度比的电极称为指示电极，常用的指示电极有金属基电极和离子选择电极两大类。

金属基电极是以金属为基体的电极，其特点是：它们的电极电位主要来源于电极表面的氧化还原反应，所以在电极反应过程中都发生电子交换。最常用的金属基电极有以下几种。

（1）金属-金属离子电极

这类电极又称活性金属电极或第一类电极。它是由能发生可逆氧化反应的金属插入含有该金属离子的溶液中构成。例如将金属银丝浸在 $AgNO_3$ 溶液中构成的电极，其电极组成：$Ag（s）| Ag^+（\alpha_{Ag^+}）$

电极反应：$Ag^+ + e^- \rightleftharpoons Ag$

25 ℃ 时的电极电位：$\varphi_{Ag^+/Ag} = \varphi^{\ominus}_{Ag^+/Ag} + 0.0592 \lg \alpha_{Ag^+}$

可见电极反应与 Ag^+ 的活度有关，这种电极不但可用于测定 Ag^+ 的活度，而且可用于滴定过程中，由于沉淀或配位等反应而引起 Ag^+ 活度变化的电位滴定。

（2）金属-金属难溶盐电极

金属-金属难溶盐电极又称第二类电极。它由金属、该金属难溶盐和难溶盐的阴离子溶液组成，电极组成为 $M | MX（s）\| X^{n-}（\alpha_{X^{n-}}）$，有两个相界面。其电极电位随所在溶液中的难溶盐阴离子的活度变化而变化。这类电极具有制作容易、电位稳定、重现性好等优点，因此主要用做参比电极。常见的甘汞电极和银-氧化银电极。

（3）惰性金属电极

惰性金属电极是由铂、金等惰性金属（或石墨）插入含有氧化还原电对（如 Fe^{3+}/Fe^{2+}，Ce^{4+}/Ce^{3+}，I/I^- 等）物质的溶液中构成的。例如，铂片插入含 Fe^{3+} 和 Fe^{2+} 的溶液中组成的电极，其电极组成表示：

$Pt | Fe^{3+}，Fe^{2+}$

电极反应：

$$Fe^{3+} + e^- \rightleftharpoons Fe^{2+}$$

25 ℃ 时电极电位：

$$\varphi_{Fe^{3+}/Fe^{2+}} = \varphi^{\ominus}_{Fe^{3+}/Fe^{2+}} + 0.0592 \lg \frac{\alpha_{Fe^{3+}}}{\alpha_{Fe^{2+}}}$$

惰性金属本身并不参与电极反应，它仅提供了交换电子的场所。

3. 离子选择电极

离子选择电极是一种化学传感器，它是由对溶液中特定离子具有选择性响应的敏感膜及其他辅助部分组成。离子选择性电极只是在膜表面发生离子交换而形成膜电位，因此这类电极与金属基电极在原理上有本质区别。由于离子选择性电极都具有一个传感膜，所以又称为膜电极，常用符号"SIE"表示。

　　离子选择电极的种类繁多，根据电极薄膜不同可分为玻璃膜电极、固体膜电极和液体膜电极等。它们基本结构大致相似，如图 5-22 所示。

　　内参比电极常用银-氯化银电极，内参比液一般由响应离子的强电解质及氯化物溶液组成。敏感膜由不同敏感材料制成，它是离子选择性电极的关键部件。由于敏感膜内阻很高，故需要良好的绝缘，以免发生旁路漏电而影响测定。

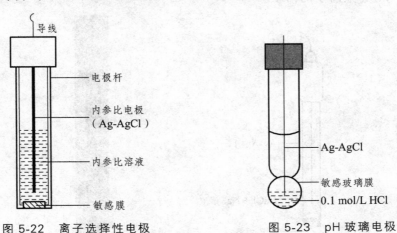

图 5-22　离子选择性电极　　　　　　图 5-23　pH 玻璃电极

（1）玻璃电极

　　玻璃电极包括对 H^+ 响应的 pH 玻璃电极，对 Na^+、K^+ 响应的 pNa、pK 玻璃电极等多种离子选择性电极。pH 玻璃电极的关键部分是敏感玻璃膜，内充 0.1 mol/L HCl 溶液作为内参比溶液，内参比电极是 Ag-AgCl，电极结构如图 5-23 所示。将膜电极和参比电极一起插到被测溶液中，由于膜内外被测离子活度的不同而产生电位差。电位产生原理如图 5-24 所示。

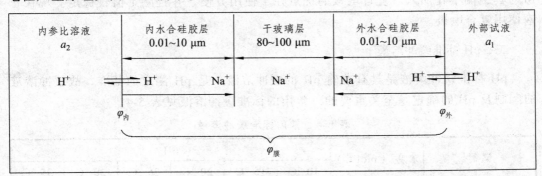

图 5-24　pH 玻璃电极电位产生原理

　　pH 玻璃电极的膜电位可表示为

$$\varphi = \kappa - 0.059\,2\,\text{pH} \tag{5-4}$$

（2）氟离子选择电极

　　氟离子选择电极如图 5-25 所示。电极的敏感膜由 LaF_3 单晶片制成，晶体中还掺

杂了少量 EuF_2 等。LaF_3 晶体中 F^- 是电荷的传递者，La^{3+} 固定在膜相中，不参与电荷的传递。内参比电极和内参比溶液由 Ag-AgCl、0.1 mol/L NaCl 和 0.1 mol/L NaF 溶液组成。氟离子选择电极的电位在 $1 \sim 10^{-6}$ mol/L 范围内遵守能斯特方程。

$$\varphi = \kappa - 0.059\,2\lg\alpha(F^-) \tag{5-5}$$

式中　　κ——电极特性参数。

　　$\alpha(F^-)$——氟离子的活度。

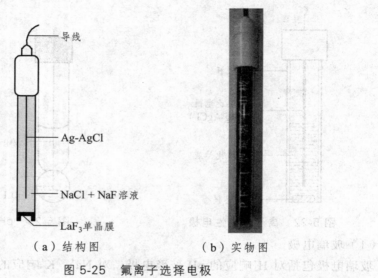

（a）结构图　　　　（b）实物图

图 5-25　氟离子选择电极

（3）复合电极

将指示电极和参比电极组装在一起就构成复合电极。测定 pH 使用的复合电极通常由玻璃电极、AgCl-Ag 电极或玻璃电极、甘汞电极组合而成。参比电极的补充液由外套上端小孔加入。复合电极的优点在于使用方便，并且测定值较稳定。现在普遍使用复合电极。

二、pH 标准缓冲溶液

pH 标准缓冲溶液是具有准确 pH 的缓冲溶液，是 pH 测定的基准，故缓冲溶液的配制及 pH 的确定是至关重要的。常用的标准缓冲溶液见表 5-4。

表 5-4　常用标准缓冲溶液

试剂	浓度/（mol/L）	pH					
		10 °C	15 °C	20 °C	25 °C	30 °C	35 °C
四草酸钾	0.05	1.67	1.67	1.68	1.68	1.68	1.69
酒石酸氢钾	饱和	—	—	—	3.56	3.55	3.55
邻苯二甲酸氢钾	0.05	4.00	4.00	4.00	4.00	4.01	4.02
磷酸盐	0.025	6.92	6.90	6.88	6.86	6.86	6.84
四硼酸钠	0.01	9.33	9.28	9.23	9.18	9.14	9.11
氢氧化钙	饱和	13.01	12.82	12.64	12.46	12.29	12.13

一般实验室常用的标准缓冲物质是邻苯二甲酸氢钾、混合磷酸盐（KH_2PO_4、Na_2HPO_4）及四硼酸钠。目前市场上销售的"成套 pH 缓冲剂"就是上述三种物质的小包装产品，使用很方便。配制时不需要干燥和称量，直接将袋内试剂用符合 GB 6682 —1992 中三级水全部溶解稀释至一定体积即可使用。

> ## 注　意
>
> 磷酸盐一般由磷酸氢二钠和磷酸二氢钾组成。

配好的 pH 标准缓冲溶液应贮存在玻璃试剂瓶或聚乙烯试剂瓶中，硼酸盐和氢氧化钙标准缓冲溶液存放时应防止空气中 CO_2 进入。标准缓冲溶液一般可保存 2 ~ 3 个月。若发现溶液中出现浑浊等现象则不能再使用，应重新配制。

三、定量分析方法

1. 标准加入法

在测定溶液中待测离子浓度时，除了直接电位测定法、常规的工作曲线法外，还有标准加入法。在分析复杂试样时，常采用标准加入法，具体做法如下。

（1）先测定体积为 V_x，浓度为 c_x 的待测溶液的电动势 E_x。

（2）然后向待测溶液中加入浓度已知为 c_s，体为 V_s 的标准溶液（一般要求 V_s 为 V_x 的 1/100，而 c_s 大约为 c_x 的 100 倍），在相同条件下再测定其电动势 E_{x+s}。25 ℃时，有能斯特方程：

$$E_x = k + \frac{0.059}{n} \lg c_x$$

$$E_{x+s} = k + \frac{0.059}{n} \lg \frac{c_x V_x + c_s V_s}{V_x + V_s}$$

若令 $\Delta c = \dfrac{c_s V_s}{V_x + V_s}$，　$S = \dfrac{0.059}{n}$，　$\Delta E = E_{x+s} - E_x$

因 $V_x \gg V_s$，则非常容易得到计算未知浓度 c_x 的公式：

$$c_x = \frac{c_s V_s}{V_x} \left(10^{\frac{n \times \Delta E}{0.059}} - 1 \right)^{-1} \tag{5-6}$$

【例 1】　将钙离子选择电极和饱和甘汞电极插入 100.00 mL 水样中，用直接电位法测定水样中的 Ca^{2+} 含量。25 ℃时，测得钙离子电极电位为 -0.061 9 V（对 SCE），加入 0.0731 mol/L 的 $Ca(NO_3)_2$ 标准溶液 1.00 mL，搅拌平衡后，测得钙离子电极电位为 -0.048 3 V（对 SCE）。试计算原水样中 Ca^{2+} 的浓度？

解: $Ca^{2+} + 2e^- \rule[0.5ex]{1em}{0.5pt}\!\!= Ca$ $\qquad\qquad n=2$

$$\Delta E = E_{x+s} - E_x = -0.0483 - (-0.0619) = 0.0136 \ (V)$$

由 $c_x = \dfrac{c_s V_s}{V_x}\left(10^{\frac{n \times \Delta E}{0.059}} - 1\right)^{-1}$ 可知

$$c_x = \frac{0.0731 \times 1.00}{100.00} \times \left(10^{\frac{2 \times 0.01361}{0.059}} - 1\right)^{-1} = 3.87 \times 10^{-4} \ (mol/L)$$

答: 试样中 Ca^{2+} 的含量为 $3.87 \times 10^{-4} \ mol/L$。

2. 二阶微商内插法确定电位滴定终点

$\Delta^2 E/\Delta V^2$ 表示 $E\text{-}V$ 曲线的二阶微商,一阶微商的极值点处对应的二阶微商等于零处。二阶微商($\Delta^2 E/\Delta V^2$)等于零处对应的体积即为是终点体积 V_{ep}。下面以表 5-5 记录的 $0.1000 \ mol/L$ $AgNO_3$ 溶液测定试样溶液中 Cl^- 含量的实验数据和数据处理信息。下面介绍怎样使用二阶微商内插法求滴定终点。

表 5-5　$0.1000 \ mol/L$ $AgNO_3$ 溶液测定试样溶液中 Cl^- 含量

i	加入硝酸银体积 V/mL	工作电池的电动势 E/V	n	$\bar{V}_n$	$\left(\dfrac{\Delta E}{\Delta V}\right)_n$	k	$\left(\dfrac{\Delta^2 E}{\Delta V^2}\right)_k$
1	5.00	0.062					
2	15.00	0.085	1	10	0.002		
3	20.00	0.107	2	17.5	0.004	1	0.00
4	22.00	0.123	3	21	0.008	2	0.00
5	23.00	0.138	4	22.5	0.015	3	0.00
6	23.50	0.146	5	23.25	0.016	4	0.00
7	23.80	0.161	6	23.65	0.050	5	0.09
8	24.00	0.174	7	23.9	0.065	6	0.06
9	24.10	0.183	8	24.05	0.090	7	0.17
10	24.20	0.194	9	24.15	0.110	8	0.20
11	24.30	0.233	10	24.25	0.390	9	2.80
12	24.40	0.316	11	24.35	0.830	10	4.40
13	24.50	0.34	12	24.45	0.240	11	−5.90
14	24.60	0.351	13	24.55	0.110	12	−1.30
15	24.70	0.358	14	24.65	0.070	13	−0.40
16	25.00	0.373	15	24.85	0.050	14	−0.10
17	25.50	0.385	16	25.25	0.024	15	−0.07
18	26.00	0.396	17	25.75	0.022	16	0.00

思路:

令表 5-5 中

$$\bar{V}_n = \frac{V_{i+1} + V_i}{2}$$

$$\left(\frac{\Delta E}{\Delta V}\right)_n = \frac{E_{i+1} - E_i}{V_{i+1} - V_i}$$

$$\left(\frac{\Delta^2 E}{\Delta V^2}\right)_k = \frac{\left(\frac{\Delta E}{\Delta V}\right)_{n+1} - \left(\frac{\Delta E}{\Delta V}\right)_n}{\bar{V}_{n+1} - \bar{V}_n}$$

数据处理结果见表 5-5，由表中数据可知，最大二阶微商为 4.40，平均体积 24.35，对应的起始体积为 24.30；最小二阶微商为-5.90，平均体积 24.45，对应的起始体积为 24.40；为零的二阶微商应介于二者之间。设滴定终点体积为 V_{ep}，由线性内插（图 5-26）得

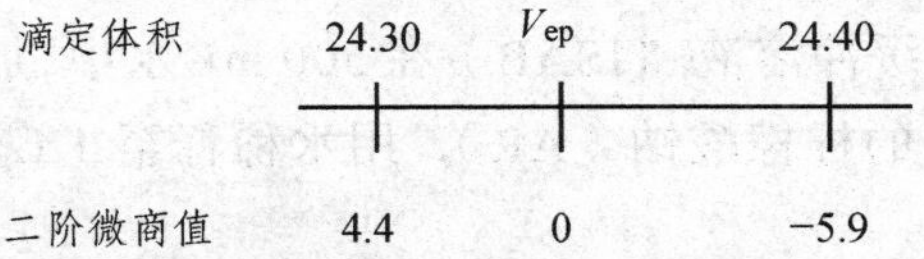

图 5-26　线性内插处理数据

$$\frac{24.40 - 24.30}{-5.9 - 4.4} = \frac{V_{ep} - 24.3}{0 - 4.4}$$

$$V_{ep} = 24.34 \text{（mL）}$$

建议：将原始数据导入 Excel 中，按表 5-5 设计 Excel 表单，把计算公式转化为 Excel 语言，所有数据处理自动完成。

推荐按 GB9725—88 规定用二阶微商计算法确定滴定终点体积。

电化学分析方法还包括伏安法、极谱法、电极与库仑法及一些更新的分析方法，详细介绍与应用请查阅相关资料。

技能拓展

一、直接电位法测定牙膏中的氟离子含量

氟为人体必需元素，适量氟对预防龋齿有利，若饮用水中氟含量过高，则会引起牙釉和骨软症。又由于氟化钠有毒，须严格控制其用量，因此测定牙膏中氟的含量具有重要的实际意义。

目前氟化物的测定方法很多，这里采用氟离子选择性电极法，直接溶样测定牙膏中游离氟。该法与其他方法相比，操作更简单，方便快速，灵敏度高准确，选择性好，仪器简单，成本低，是一种实用的测定氟离子方法。

1. 仪器与试剂

（1）仪器

① 氟离子选择性电极（作为指示电极）。

② 饱和甘汞电极或银-氯化银电极（作为参比电极）。

③ 离子活度计或 pH 计，精确到 0.1 mV。

④ 磁力搅拌器、聚乙烯或聚四氟乙烯包裹的搅拌子。

⑤ 小烧杯、移液管、容量瓶、玻璃棒、滤纸。

⑥ 超声波清洗器。

（2）试剂

① 氟化物标准贮备液：称取 2.210 g 基准氟化钠（NaF）（预先于 105～110 ℃ 烘干 2 h，或者于 500～650 ℃ 烘干约 40 min，冷却），用水溶解后转入 1 000 mL 容量瓶中，稀释至标线，摇匀。贮存在聚乙烯瓶中。此溶液每毫升含氟离子 1 000 μg。

② 氟化物标准溶液：用无分度吸管吸取氟化钠标准贮备液 10.00 mL，注入 100 mL 容量瓶中，稀释至标线，摇匀。此溶液每毫升含氟离子 100 μg。

③ 总离子强度调节缓冲溶液（TISAB）：在 500 mL 水中，加入 57 mL 冰醋酸（AR），58.5 g 的氯化钠和 0.3 g 的柠檬酸钠（AR），用水稀释至 1 L。

2. 实验步骤

（1）仪器准备和操作

按照所用测量仪器和电极使用说明，首先接好线路，将各开关置于"关"的位置，开启电源开关，预热，以后操作按说明书要求进行。测定前，标液、试液温度应达到室温。

氟离子选择性电极在使用前，应在 0.001 mol/L NaF 溶液中活化浸泡 1～2 h，然后用去离子水清洗数次，直到测得的电位为-300 mV 左右（每只电极具体数值不尽相同）。

（2）绘制标准工作曲线

用吸量管吸取 0.00 mL、2.00 mL、4.00 mL、6.00 mL、8.00 mL、10.00 mL 氟化物标准溶液，分别置于 6 个 100 mL 容量瓶中，加入 50 mL TISAB 总离子强度调节缓冲溶液，用水稀释至标线，摇匀。

然后分别吸取上述溶液 50 mL 移入 100 mL 聚乙烯杯中，各放入一只塑料搅拌子，按浓度由低到高的顺序，依次插入电极，连续搅拌溶液，读取搅拌状态下的稳态电位值（E），记录电位值。在每次测量之前，都要用水将电极冲洗净，并用滤纸吸去水分。

（3）测定试样

准确称取 2.080 0 g 的牙膏样品于小烧杯中，用 50 mL TISAB 溶液将牙膏样品稀释后转移至 100 mL 容量瓶中，纯水定容，超声震荡 5 min。在相同条件下测定，记录稳定的电位读数。平行测定三次。

（4）空白实验：用蒸馏水代替试样，按测定试样的条件和步骤进行测定。

3. 数据记录与处理

由实验测得的工作溶液电位值绘制出工作曲线，电位 E（mV）为纵坐标、pF⁻即 $-\lg \alpha(\mathrm{F}^-)$ 为横坐标，绘制工作曲线。根据试样电位查出试样的 pF⁻，计算试样中

F⁻的质量浓度 ρ（μg/mL）。牙膏中 F⁻含量为

$$w = \frac{\bar{\rho} \times 100}{m} \times 10^{-3}(\mathrm{mg/g})$$

式中　w——牙膏中氟离子的质量分数；

　　　$\bar{\rho}$——氟离子的平均质量浓度，μg/mL；

　　　m——牙膏试样质量，g。

> **注　意**
>
> 所用水为去离子水或无氟蒸馏水，国家标准规定的含氟牙膏中氟含量范围 0.4～1.5 mg/g。

二、电位滴定法测定试样中亚铁离子含量

"GB/T6730.66—2009 铁矿石全铁含量的测定自动电位滴定法"描述：本方法适用于铜、钒、锰含量分别小于 0.1% 的天然铁矿、铁精矿和造块，包括烧结产品中全铁含量的测定。测定范围（质量分数）为 40%～70%。借鉴该方法，我们采用电位滴定法测定硫酸亚铁铵试样中亚铁离子的含量。

用重铬酸钾法电位测定硫酸亚铁铵溶液中亚铁离子含量，测定反应式如下：

$$\mathrm{Cr_2O_7^{2-} + 6Fe^{2+} + 14H^+ =\!=\!= 2Cr^{2+} + 6Fe^{3+} + 7H_2O}$$

利用铂电极作为指示电极，饱和甘汞电极作为参比电极，与被测溶液组成工作电池。在滴定过程中，随着滴定剂重铬酸钾标准溶液的加入，铂电极的电极电位发生变化。在化学计量点附近铂电极的电极电位产生突跃，从而确定滴定终点。

1. 仪器与试剂

（1）仪器

① 铂电极（作为指示电极）。

② 饱和甘汞电极（作为参比电极）。

③ 离子活度计或 pH 计，精确到 0.1 mV。

④ 磁力搅拌器、搅拌子。

⑤ 小烧杯、量筒、移液管（10 mL）、容量瓶、玻璃棒、滤纸。

（2）试剂

① c（1/6K₂Cr₂O₇）=0.1 mol/L 重铬酸钾标准溶液：准确称取在 120 ℃ 干燥过的基准试剂重铬酸钾约 4.903 3 g，溶解，转移到 1 000 mL 容量瓶，定容、摇匀。

② H₂SO₄ H₃PO₄ 混合酸（1+1）。

③ w（HNO₃）=10% 硝酸溶液。

④ 硫酸亚铁铵试样：准确称取约 3.921 3 g 硫酸亚铁铵[$Fe(NH_4)_2(SO_4)_2 \cdot 6H_2O$]于小烧杯中，加入 20 mL 2 mol/L H_2SO_4 溶解，转入 1 000 mL 容量瓶中，定容、摇匀。

2. 实验步骤

打开离子计或精密酸度计（准确到 0.1 mV），通电预热 30 mim。将铂电极浸入热的 $w(HNO_3)$=10%硝酸溶液中数分钟，取出用蒸馏水冲洗干净，再用去离子水冲洗，安装好电极。同时安装好参比电极——饱和甘汞电极。

> **注 意**
>
> 将铂电极和饱和甘汞电极分别与仪器的"+"端和"−"端相连，不同仪器电极接口名称不尽相同，有的仪器标注的是"测量电极"和"参比电极"，有的仪器是用"IE"和"RE"标注的。

用移液管准确移取 10 mL 硫酸亚铁铵溶液于 150 mL 烧杯中，加入 3 mol/L H_2SO_4 溶液 8 ~ 10 mL，加水至约 50 mL，将饱和甘汞电极和铂电极插入溶液中，放入搅拌子，开动搅拌器，待电位稳定后，记录溶液的起始电位，然后用 $K_2Cr_2O_7$ 标准滴定溶液滴定，每加入一定体积的溶液，记录溶液的电位。

> **注 意**
>
> 全自动电位滴定仪会根据滴定过程中的电位（或 pH）突跃，自动计算滴定终点体积的。液晶屏（联机电脑）会实时显示滴定过程所用的滴定剂的体积和溶液电位（或 pH）。可打印滴定过程中的滴定剂消耗体积与溶液电位信息。

这里建议记录或打印滴定剂消耗体积与溶液电位信息，用二阶微商法确定滴定终点所消耗 $K_2Cr_2O_7$ 标准滴定溶液的体积。

3. 数据记录与处理

根据记录的滴定剂消耗体积与溶液电位信息，用二阶微商法确定滴定终点所消耗 $K_2Cr_2O_7$ 标准滴定溶液的体积。

$$w(Fe^{2+}) = \frac{c(\frac{1}{6}K_2Cr_2O_7) \times V(K_2Cr_2O_7) \times M(Fe)}{m(试样) \times \dfrac{10}{1000}}$$

目标检测

一、选择题（每题只有一个正确答案）

1. 用银离子选择电极作为指示电极，电位滴定测定牛奶中氯离子含量时，如以饱和甘汞电极作为参比电极，双盐桥应选用的溶液为（　　　）。

    A. KNO_3　　　　　　　　　　　　　　B. KCl

    C. KBr　　　　　　　　　　　　　　　D. KI

2. 关于 pH 玻璃电极膜电位的产生原因，下列说法正确的是（　　　）。

    A. 氢离子在玻璃表面还原而传递电子

    B. 钠离子在玻璃膜中移动

    C. 氢离子穿透玻璃膜而使膜内外氢离子产生浓度差

    D. 氢离子在玻璃膜表面进行离子交换和扩散的结果

3. 用离子选择性电极进行测量时，需用磁力搅拌器搅拌溶液，这是为了（　　　）

    A. 减小浓差极化　　　　　　　　　　B. 加快响应速度

    C. 使电极表面保持干净　　　　　　　D. 降低电极电阻

4. Ag-AgCl 参比电极的电极电位取决于电极内部溶液中的（　　　）

    A. Ag^+活度　　　　　　　　　　　　B. Cl^-活度

    C. AgCl 活度　　　　　　　　　　　　D. Ag^+和 Cl^-活度

5. pH 玻璃电极的使用方法中正确的是（　　　）。

    A. 使用前应在饱和 KCl 溶液中浸泡 24 h 以上

    B. 电极的使用期一般为一年，老化的电极不能使用

    C. 电极能在胶体溶液、有色溶液和含氟溶液中使用

    D. 电极球泡污染后，可用铬酸洗液洗涤

6. 用标准缓冲溶液校准仪器的正确步骤是（　　　）。

    A. 温度、定位、斜率　　　　　　　　B. 定位、温度、斜率

    C. 温度、斜率、定位　　　　　　　　D. 可随意操作

7. 氟离子选择性电极在使用前，应在下列哪种溶液中活化 12 h（　　　）。

    A. 蒸馏水　　　　　　　　　　　　　B. 10%硝酸溶液

    C. 0.1 mol/L 盐酸　　　　　　　　　D. 1.000×10^{-3} mol/L 氟化钠溶液

二、判断题

1. 离子选择电极又称膜电极，对有色溶液及浑浊溶液均可分析。（　　　）

2. 当有微弱电流通过时，参比电极的电位基本保持不变。（　　　）

3. 甘汞电极由金属汞、甘汞及氯化钾溶液组成。（　　　）

4. 在电位分析中能指示被测离子活度的电极叫指示电极。（　　　）

5. 测定氨水的 pH，可用邻苯二甲酸氢钾和磷酸盐校正仪器。（　　　）

三、填空题

1. 25 ℃，能斯特方程表达的溶液中 H^+ 的浓度与其电极的电极电位的数学关系是_____。测定溶液 pH 通常用 pH 玻璃电极作为_____电极，甘汞电极作为_____电极。

2. 25 ℃ 时，标准缓冲溶液邻苯二甲酸氢钾的 pH=_____，磷酸氢二钠-磷酸二氢钾的 pH=_____，四硼酸钠的 pH=_____。硼酸盐和氢氧化钙标准缓冲溶液存放时应防止空气中的_____进入。

3. pH 计一般由两部分组成，即_____和_____。电极插口平时应用保护帽_____保护。

4. 甘汞电极的电池符号是_____，电极反应为_____，25 ℃ 时的电极电位表达式是_____，填充的电解液是_____溶液，该电极的使用温度不能超过_____℃。

5. 电位测量法通常用_____作为电池的电解质溶液，再浸入两个电极，一个是作为指示电极，另一个作为参比电极，在零电流条件下，测量所组成原电池的_____。

6. 用重铬酸钾电位滴定测定溶液中 Fe^{2+} 含量时，所用的参比电极是_____，指示电极是_____。

四、计算题

1. 用 pH 玻璃电极测定试样溶液的 pH。测得 pH_s=3.0 的标准缓冲溶液的电池电动势为 -0.24 V，试样溶液中的电池电动势为 0.13 V，求试样溶液的 pH 是多少？

2. 测定水中氟的含量。准确量取氟标准溶液（100 μg/mL）2 mL、4 mL、6 mL、8 mL、10 mL 及试样溶液 10 mL，分别加到 6 个 50 mL 容量瓶中，再各自加入 TISAB（总离子强度调节剂）10 mL，用蒸馏水定容至刻度，摇匀。分别测定其电动势，数据如表 5-6 所示，求水中氟离子含量（mg/L）。

表 5-6　测定水中氟含量实验数据

V/mL	标准溶液					试样溶液
	2	4	6	8	10	10
E/mV	67.1	51.2	41.1	33.2	27.1	32.1

（提示：先绘制工作曲线）

3. 在干燥洁净的 250 mL 烧杯中准确加入 100.00 mL 水样，用钙离子选择性电极与甘汞电极组成电池测得电动势 E_x=-0.0619 V。再加入 10 mL 0.007 32 mol/L 的 $Ca(NO_3)_2$ 标准溶液，与水样混合均匀，测得其电动势 E_{x+s}=-0.048 3 V。求原水样钙离子的物质的量浓度。

4. 用标准甘汞-铂电极对组成电池，以 $KMnO_4$ 溶液滴定 $FeSO_4$，计算 95% 的 Fe^{2+} 氧化为 Fe^{3+} 时的电动势？铂电极为正极，标准甘汞电极电位为 0.28 V。

参考文献

[1] 中华人民共和国国家标准 GBT5009 系列，GBT10345—2007.

[2] 黄一石. 仪器分析[M]. 北京：化学工业出版社，2001.

[3] 胡伟光,张文英. 分析化学定量实验[M]. 3 版. 北京:化学工业出版社,2014.

[4] 张小康，张正兢. 工业分析[M]. 2 版. 北京：化学工业出版社，2011.

[5] 武汉大学. 分析化学[M]. 4 版. 北京：高等教育出版社，2000.

[6] 王炳强，曾玉香. 化学检验工职业技能鉴定试题集[M]. 北京：化学工业出版社，2016.

[7] 李浩春. 分析化学手册——第五分册[M]. 北京：化学工业出版社，1999.

[8] 张玉奎. 分析化学手册——第六分册[M]. 北京：化学工业出版社，1999.

[9] 谭湘成. 仪器分析[M]. 3 版. 北京：化学工业出版社，2008.

附　录

附录 A　标准电极电位表（25℃）

半反应	$E^{\ominus}/V$
$\tfrac{3}{2}N_2$（g）$+ H^+ + e^- \Longrightarrow \underline{HN_3}$（aq）	-3.09
$\underline{Li}^+ + e^- \Longrightarrow Li$（s）	-3.0401
N_2（g）$+ 4H_2O + 2e^- \Longrightarrow 2NH_2OH$（aq）$+ 2OH^-$	-3.04
$\underline{Cs}^+ + e^- \Longrightarrow Cs$（s）	-3.026
$\underline{Rb}^+ + e^- \Longrightarrow Rb$（s）	-2.98
$\underline{K}^+ + e^- \Longrightarrow K$（s）	-2.931
$\underline{Ba}^{2+} + 2e^- \Longrightarrow Ba$（s）	-2.912
$\underline{La(OH)_3}$（s）$+ 3e^- \Longrightarrow La$（s）$+ 3OH^-$	-2.90
$\underline{Sr}^{2+} + 2e^- \Longrightarrow Sr$（s）	-2.899
$\underline{Ca}^{2+} + 2e^- \Longrightarrow Ca$（s）	-2.868
$\underline{Eu}^{2+} + 2e^- \Longrightarrow Eu$（s）	-2.812
$\underline{Ra}^{2+} + 2e^- \Longrightarrow Ra$（s）	-2.8
$\underline{Na}^+ + e^- \Longrightarrow Na$（s）	-2.71
$\underline{Sc}^{3+} + 3e^- \Longrightarrow Sc$（s）	-2.077
$\underline{La}^{3+} + 3e^- \Longrightarrow La$（s）	-2.379
$\underline{Y}^{3+} + 3e^- \Longrightarrow Y$（s）	-2.372
$\underline{Mg}^{2+} + 2e^- \Longrightarrow Mg$（s）	-2.372
$ZrO(OH)_2$（s）$+ H_2O + 4e^- \Longrightarrow Zr$（s）$+ 4OH^-$	-2.36
$[Al(OH)_4]^- + 3e^- \Longrightarrow Al$（s）$+ 4OH^-$	-2.33
$Al(OH)_3$（s）$+ 3e^- \Longrightarrow Al$（s）$+ 3OH^-$	-2.31
$\underline{H_2}$（g）$+ 2e^- \Longrightarrow 2H^-$	-2.25
$\underline{Ac}^{3+} + 3e^- \Longrightarrow Ac$（s）	-2.20
$\underline{Be}^{2+} + 2e^- \Longrightarrow Be$（s）	-1.85
$\underline{U}^{3+} + 3e^- \Longrightarrow U$（s）	-1.66
$\underline{Al}^{3+} + 3e^- \Longrightarrow Al$（s）	-1.66
$\underline{Ti}^{2+} + 2e^- \Longrightarrow Ti$（s）	-1.63
$\underline{ZrO_2}$（s）$+ 4H^+ + 4e^- \Longrightarrow Zr$（s）$+ 2H_2O$	-1.553
$\underline{Zr}^{4+} + 4e^- \Longrightarrow Zr$（s）	-1.45

续表

半反应	$E^{\ominus}/V$
$\underline{Ti}^{3+} + 3e^- \Longrightarrow Ti\ (s)$	−1.37
$\underline{TiO}\ (s) + 2H^+ + 2e^- \Longrightarrow Ti\ (s) + H_2O$	−1.31
$\underline{Ti_2O_3}\ (s) + 2H^+ + 2e^- \Longrightarrow 2TiO\ (s) + H_2O$	−1.23
$[\underline{Zn(OH)_4}]^{2-} + 2e^- \Longrightarrow Zn\ (s) + 4OH^-$	−1.199
$\underline{Mn}^{2+} + 2e^- \Longrightarrow Mn\ (s)$	−1.185
$[\underline{Fe(CN)_6}]^{4-} + 6H^+ + 2e^- \Longrightarrow Fe\ (s) + 6HCN\ (aq)$	−1.16
$\underline{Te}\ (s) + 2e^- \Longrightarrow Te^{2-}$	−1.143
$\underline{V}^{2+} + 2e^- \Longrightarrow V\ (s)$	−1.13
$\underline{Nb}^{3+} + 3e^- \Longrightarrow Nb\ (s)$	−1.099
$\underline{Sn}\ (s) + 4H^+ + 4e^- \Longrightarrow SnH_4\ (g)$	−1.07
$\underline{SiO_2}\ (s) + 4H^+ + 4e^- \Longrightarrow Si\ (s) + 2H_2O$	−0.91
$\underline{B(OH)_3}\ (aq) + 3H^+ + 3e^- \Longrightarrow B\ (s) + 3H_2O$	−0.89
$\underline{Fe(OH)_2}\ (s) + 2e^- \Longrightarrow Fe\ (s) + 2OH^-$	−0.89
$\underline{Fe_2O_3}\ (s) + 3H_2O + 2e^- \Longrightarrow 2Fe(OH)_2\ (s) + 2OH^-$	−0.86
$\underline{TiO}^{2+} + 2H^+ + 4e^- \Longrightarrow Ti\ (s) + H_2O$	−0.86
$2\underline{H_2O} + 2e^- \Longrightarrow H_2\ (g) + 2OH^-$	−0.8277
$\underline{Bi}\ (s) + 3H^+ + 3e^- \Longrightarrow BiH_3$	−0.8
$\underline{Zn}^{2+} + 2e^- \Longrightarrow Zn\ (Hg)$	−0.7628
$\underline{Zn}^{2+} + 2e^- \Longrightarrow Zn\ (s)$	−0.7618
$\underline{Ta_2O_5}\ (s) + 10H^+ + 10e^- \Longrightarrow 2Ta\ (s) + 5H_2O$	−0.75
$\underline{Cr}^{3+} + 3e^- \Longrightarrow Cr\ (s)$	−0.74
$[\underline{Au(CN)_2}]^- + e^- \Longrightarrow Au\ (s) + 2CN^-$	−0.60
$\underline{Ta}^{3+} + 3e^- \Longrightarrow Ta\ (s)$	−0.6
$\underline{PbO}\ (s) + H_2O + 2e^- \Longrightarrow Pb\ (s) + 2OH^-$	−0.58
$2\underline{TiO_2}\ (s) + 2H^+ + 2e^- \Longrightarrow Ti_2O_3\ (s) + H_2O$	−0.56
$\underline{Ga}^{3+} + 3e^- \Longrightarrow Ga\ (s)$	−0.53
$\underline{U}^{4+} + e^- \Longrightarrow U^{3+}$	−0.52
$\underline{H_3PO_2}\ (aq) + H^+ + e^- \Longrightarrow P\ (white)\ ^{[note\ 2]} + 2H_2O$	−0.508
$\underline{H_3PO_3}\ (aq) + 2H^+ + 2e^- \Longrightarrow H_3PO_2\ (aq) + H_2O$	−0.499
$\underline{H_3PO_3}\ (aq) + 3H^+ + 3e^- \Longrightarrow P\ (red)\ ^{[note\ 2]} + 3H_2O$	−0.454
$\underline{Fe}^{2+} + 2e^- \Longrightarrow Fe\ (s)$	−0.44
$2\underline{CO_2}\ (g) + 2H^+ + 2e^- \Longrightarrow HOOCCOOH\ (aq)$	−0.43
$\underline{Cr}^{3+} + e^- \Longrightarrow Cr^{2+}$	−0.42
$\underline{Cd}^{2+} + 2e^- \Longrightarrow Cd\ (s)$	−0.40

续表

半反应	$E^{\ominus}/V$
$\underline{GeO_2}$ (s) + $2H^+$ + $2e^-$ $\Longrightarrow$ GeO (s) + H_2O	-0.37
$\underline{Cu_2O}$ (s) + H_2O + $2e^-$ $\Longrightarrow$ 2Cu (s) + $2OH^-$	-0.360
$\underline{PbSO_4}$ (s) + $2e^-$ $\Longrightarrow$ $\underline{Pb}$ (s) + SO_4^{2-}	-0.3588
$PbSO_4$ (s) + $2e^-$ $\Longrightarrow$ Pb (Hg) + SO_4^{2-}	-0.3505
$\underline{Eu}^{3+}$ + e^- $\Longrightarrow$ Eu^{2+}	-0.35
$\underline{In}^{3+}$ + $3e^-$ $\Longrightarrow$ In (s)	-0.34
Tl^+ + e^- $\Longrightarrow$ Tl (s)	-0.34
$\underline{Ge}$ (s) + $4H^+$ + $4e^-$ $\Longrightarrow$ GeH_4 (g)	-0.29
$\underline{Co}^{2+}$ + $2e^-$ $\Longrightarrow$ Co (s)	-0.28
$\underline{H_3PO_4}$ (aq) + $2H^+$ + $2e^-$ $\Longrightarrow$ H_3PO_3 (aq) + H_2O	-0.276
V^{3+} + e^- $\Longrightarrow$ V^{2+}	-0.26
$\underline{Ni}^{2+}$ + $2e^-$ $\Longrightarrow$ Ni (s)	-0.25
$\underline{As}$ (s) + $3H^+$ + $3e^-$ $\Longrightarrow$ $\underline{AsH_3}$ (g)	-0.23
AgI (s) + e^- $\Longrightarrow$ Ag (s) + I^-	-0.15224
$\underline{MoO_2}$ (s) + $4H^+$ + $4e^-$ $\Longrightarrow$ Mo (s) + $2H_2O$	-0.15
$\underline{Si}$ (s) + $4H^+$ + $4e^-$ $\Longrightarrow$ SiH_4 (g)	-0.14
Sn^{2+} + $2e^-$ $\Longrightarrow$ Sn (s)	-0.13
$\underline{O_2}$ (g) + H^+ + e^- $\Longrightarrow$ $HO_2 \cdot$ (aq)	-0.13
$\underline{Pb}^{2+}$ + $2e^-$ $\Longrightarrow$ Pb (s)	-0.13
$\underline{WO_2}$ (s) + $4H^+$ + $4e^-$ $\Longrightarrow$ $\underline{W}$ (s) + $2H_2O$	-0.12
P (red) + $3H^+$ + $3e^-$ $\Longrightarrow$ $\underline{PH_3}$ (g)	-0.111
CO_2 (g) + $2H^+$ + $2e^-$ $\Longrightarrow$ HCOOH (aq)	-0.11
$\underline{Se}$ (s) + $2H^+$ + $2e^-$ $\Longrightarrow$ H_2Se (g)	-0.11
CO_2 (g) + $2H^+$ + $2e^-$ $\Longrightarrow$ CO (g) + H_2O	-0.11
$\underline{SnO}$ (s) + $2H^+$ + $2e^-$ $\Longrightarrow$ Sn (s) + H_2O	-0.10
$\underline{SnO_2}$ (s) + $2H^+$ + $2e^-$ $\Longrightarrow$ SnO (s) + H_2O	-0.09
$\underline{WO_3}$ (aq) + $6H^+$ + $6e^-$ $\Longrightarrow$ W (s) + $3H_2O$	-0.09
P (white) + $3H^+$ + $3e^-$ $\Longrightarrow$ $\underline{PH_3}$ (g)	-0.063
Fe^{3+} + $3e^-$ $\Longrightarrow$ Fe (s)	-0.04
$\underline{HCOOH}$ (aq) + $2H^+$ + $2e^-$ $\Longrightarrow$ HCHO (aq) + H_2O	-0.03
$2H^+$ + $2e^-$ $\Longrightarrow$ H_2 (g)	0.0000
$AgBr$ (s) + e^- $\Longrightarrow$ Ag (s) + Br^-	+0.0713
$\underline{S_4O_6}^{2-}$ + $2e^-$ $\Longrightarrow$ $2S_2O_3^{2-}$	+0.08
$\underline{Fe_3O_4}$ (s) + $8H^+$ + $8e^-$ $\Longrightarrow$ 3Fe (s) + $4H_2O$	+0.085

半反应	$E^{\ominus}/V$
$N_2\ (g) + 2H_2O + 6H^+ + 6e^- \Longrightarrow 2\underline{NH_4OH}\ (aq)$	+0.092
$HgO\ (s) + H_2O + 2e^- \Longrightarrow Hg\ (l) + 2OH^-$	+0.0977
$[Cu(NH_3)_4]^{2+} + e^- \Longrightarrow [Cu(NH_3)_2]^+ + 2NH_3$	+0.10
$[\underline{Ru(NH_3)_6}]^{3+} + e^- \Longrightarrow [Ru(NH_3)_6]^{2+}$	+0.10
$N_2H_4\ (aq) + 4H_2O + 2e^- \Longrightarrow 2NH_4^+ + 4OH^-$	+0.11
$\underline{H_2MoO_4}\ (aq) + 6H^+ + 6e^- \Longrightarrow Mo\ (s) + 4H_2O$	+0.11
$Ge^{4+} + 4e^- \Longrightarrow Ge\ (s)$	+0.12
$\underline{C}\ (s) + 4H^+ + 4e^- \Longrightarrow \underline{CH_4}\ (g)$	+0.13
$\underline{HCHO}\ (aq) + 2H^+ + 2e^- \Longrightarrow \underline{CH_3OH}\ (aq)$	+0.13
$\underline{S}\ (s) + 2H^+ + 2e^- \Longrightarrow H_2S\ (g)$	+0.14
$Sn^{4+} + 2e^- \Longrightarrow Sn^{2+}$	+0.15
$\underline{Cu}^{2+} + e^- \Longrightarrow Cu^+$	+0.159
$HSO_4^- + 3H^+ + 2e^- \Longrightarrow SO_2\ (aq) + 2H_2O$	+0.16
$\underline{UO_2}^{2+} + e^- \Longrightarrow UO_2^+$	+0.163
$SO_4^{2-} + 4H^+ + 2e^- \Longrightarrow SO_2\ (aq) + 2H_2O$	+0.17
$TiO^{2+} + 2H^+ + e^- \Longrightarrow Ti^{3+} + H_2O$	+0.19
$SbO^+ + 2H^+ + 3e^- \Longrightarrow Sb\ (s) + H_2O$	+0.20
$\underline{AgCl}\ (s) + e^- \Longrightarrow Ag\ (s) + Cl^-$	+0.22233
$H_3AsO_3\ (aq) + 3H^+ + 3e^- \Longrightarrow As\ (s) + 3H_2O$	+0.24
$GeO\ (s) + 2H^+ + 2e^- \Longrightarrow Ge\ (s) + H_2O$	+0.26
$UO_2^+ + 4H^+ + e^- \Longrightarrow U^{4+} + 2H_2O$	+0.273
$\underline{Re}^{3+} + 3e^- \Longrightarrow Re\ (s)$	+0.300
$Bi^{3+} + 3e^- \Longrightarrow Bi\ (s)$	+0.308
$VO^{2+} + 2H^+ + e^- \Longrightarrow V^{3+} + H_2O$	+0.34
$Cu^{2+} + 2e^- \Longrightarrow Cu\ (s)$	+0.340
$[Fe(CN)_6]^{3-} + e^- \Longrightarrow [Fe(CN)_6]^{4-}$	+0.36
$O_2\ (g) + 2H_2O + 4e^- \Longrightarrow 4OH^-\ (aq)$	+0.40
$H_2MoO_4 + 6H^+ + 3e^- \Longrightarrow Mo^{3+} + 2H_2O$	+0.43
$CH_3OH\ (aq) + 2H^+ + 2e^- \Longrightarrow CH_4\ (g) + H_2O$	+0.50
$SO_2\ (aq) + 4H^+ + 4e^- \Longrightarrow S\ (s) + 2H_2O$	+0.50
$Cu^+ + e^- \Longrightarrow Cu\ (s)$	+0.520
$\underline{CO}\ (g) + 2H^+ + 2e^- \Longrightarrow C\ (s) + H_2O$	+0.52
$I_3^- + 2e^- \Longrightarrow 3I^-$	+0.53
$\underline{I_2}\ (s) + 2e^- \Longrightarrow 2I^-$	+0.54

半反应	$E^{\ominus}/V$
$[AuI_4]^- + 3e^- \rightleftharpoons Au\,(s) + 4I^-$	+0.56
$H_3AsO_4\,(aq) + 2H^+ + 2e^- \rightleftharpoons H_3AsO_3\,(aq) + H_2O$	+0.56
$[AuI_2]^- + e^- \rightleftharpoons Au\,(s) + 2I^-$	+0.58
$MnO_4^- + 2H_2O + 3e^- \rightleftharpoons MnO_2\,(s) + 4OH^-$	+0.59
$S_2O_3^{2-} + 6H^+ + 4e^- \rightleftharpoons 2S\,(s) + 3H_2O$	+0.60
$\underline{Fc}^+ + e^- \rightleftharpoons Fc\,(s)$	+0.641
$H_2MoO_4\,(aq) + 2H^+ + 2e^- \rightleftharpoons MoO_2\,(s) + 2H_2O$	+0.65
$O_2\,(g) + 2H^+ + 2e^- \rightleftharpoons H_2O_2\,(aq)$	+0.70
$Tl^{3+} + 3e^- \rightleftharpoons Tl\,(s)$	+0.72
$[PtCl_6]^{2-} + 2e^- \rightleftharpoons [PtCl_4]^{2-} + 2Cl^-$	+0.726
$H_2SeO_3\,(aq) + 4H^+ + 4e^- \rightleftharpoons Se\,(s) + 3H_2O$	+0.74
$[PtCl_4]^{2-} + 2e^- \rightleftharpoons Pt\,(s) + 4Cl^-$	+0.758
$Fe^{3+} + e^- \rightleftharpoons Fe^{2+}$	+0.77
$Ag^+ + e^- \rightleftharpoons Ag\,(s)$	+0.7996
$Hg_2^{2+} + 2e^- \rightleftharpoons 2Hg\,(l)$	+0.80
$\underline{NO_3}^-\,(aq) + 2H^+ + e^- \rightleftharpoons \underline{NO_2}\,(g) + H_2O$	+0.80
$2\underline{FeO_4}^{2-} + 5H_2O + 6e^- \rightleftharpoons Fe_2O_3\,(s) + 10OH^-$	+0.81
$[AuBr_4]^- + 3e^- \rightleftharpoons Au\,(s) + 4Br^-$	+0.85
$Hg^{2+} + 2e^- \rightleftharpoons Hg\,(l)$	+0.85
$MnO_4^- + H^+ + e^- \rightleftharpoons HMnO_4^-$	+0.90
$2Hg^{2+} + 2e^- \rightleftharpoons Hg_2^{2+}$	+0.91
$\underline{Pd}^{2+} + 2e^- \rightleftharpoons Pd\,(s)$	+0.915
$[AuCl_4]^- + 3e^- \rightleftharpoons Au\,(s) + 4Cl^-$	+0.93
$MnO_2\,(s) + 4H^+ + e^- \rightleftharpoons Mn^{3+} + 2H_2O$	+0.95
$[AuBr_2]^- + e^- \rightleftharpoons Au\,(s) + 2Br^-$	+0.96
$[HXeO_6]^{3-} + 2H_2O + 2e^- \rightleftharpoons [HXeO_4]^- + 4OH$	+0.99
$\underline{H_6TeO_6}\,(aq) + 2H^+ + 2e^- \rightleftharpoons TeO_2\,(s) + 4H_2O$	+1.02
$Br_2\,(l) + 2e^- \rightleftharpoons 2Br^-$	+1.066
$Br_2\,(aq) + 2e^- \rightleftharpoons 2Br^-$	+1.0873
$IO_3^- + 5H^+ + 4e^- \rightleftharpoons HIO\,(aq) + 2H_2O$	+1.13
$[AuCl_2]^- + e^- \rightleftharpoons Au\,(s) + 2Cl^-$	+1.15
$HSeO_4^- + 3H^+ + 2e^- \rightleftharpoons H_2SeO_3\,(aq) + H_2O$	+1.15
$Ag_2O\,(s) + 2H^+ + 2e^- \rightleftharpoons 2Ag\,(s) + H_2O$	+1.17
$ClO_3^- + 2H^+ + e^- \rightleftharpoons ClO_2\,(g) + H_2O$	+1.18

续表

半反应	$E^{\ominus}/\text{V}$
$[HXeO_6]^{3-} + 5H_2O + 8e^- \rightleftharpoons Xe\,(g) + 11OH^-$	+1.18
$\underline{Pt^{2+}} + 2e^- \rightleftharpoons Pt\,(s)$	+1.188
$ClO_2\,(g) + H^+ + e^- \rightleftharpoons HClO_2\,(aq)$	+1.19
$2IO_3^- + 12H^+ + 10e^- \rightleftharpoons I_2\,(s) + 6H_2O$	+1.20
$ClO_4^- + 2H^+ + 2e^- \rightleftharpoons ClO_3^- + H_2O$	+1.20
$O_2\,(g) + 4H^+ + 4e^- \rightleftharpoons 2H_2O$	+1.229
$MnO_2\,(s) + 4H^+ + 2e^- \rightleftharpoons Mn^{2+} + 2H_2O$	+1.23
$[HXeO_4]^- + 3H_2O + 6e^- \rightleftharpoons Xe\,(g) + 7OH^-$	+1.24
$Tl^{3+} + 2e^- \rightleftharpoons Tl^+$	+1.25
$Cr_2O_7^{2-} + 14H^+ + 6e^- \rightleftharpoons 2Cr^{3+} + 7H_2O$	+1.33
$Cl_2\,(g) + 2e^- \rightleftharpoons 2Cl^-$	+1.36
$CoO_2\,(s) + 4H^+ + e^- \rightleftharpoons Co^{3+} + 2H_2O$	+1.42
$2\underline{NH_3OH^+} + H^+ + 2e^- \rightleftharpoons \underline{N_2H_5^{\pm}} + 2H_2O$	+1.42
$2HIO\,(aq) + 2H^+ + 2e^- \rightleftharpoons I_2\,(s) + 2H_2O$	+1.44
$Ce^{4+} + e^- \rightleftharpoons Ce^{3+}$	+1.44
$BrO_3^- + 5H^+ + 4e^- \rightleftharpoons HBrO\,(aq) + 2H_2O$	+1.45
$\underline{\beta\text{-}PbO_2}\,(s) + 4H^+ + 2e^- \rightleftharpoons Pb^{2+} + 2H_2O$	+1.460
$\alpha\text{-}PbO_2\,(s) + 4H^+ + 2e^- \rightleftharpoons Pb^{2+} + 2H_2O$	+1.468
$2BrO_3^- + 12H^+ + 10e^- \rightleftharpoons Br_2\,(1) + 6H_2O$	+1.48
$2ClO_3^- + 12H^+ + 10e^- \rightleftharpoons Cl_2\,(g) + 6H_2O$	+1.49
$MnO_4^- + 8H^+ + 5e^- \rightleftharpoons Mn^{2+} + 4H_2O$	+1.51
$HO_2^{\cdot} + H^+ + e^- \rightleftharpoons H_2O_2\,(aq)$	+1.51
$Au^{3+} + 3e^- \rightleftharpoons Au\,(s)$	+1.52
$NiO_2\,(s) + 4H^+ + 2e^- \rightleftharpoons Ni^{2+} + 2OH^-$	+1.59
$2HClO\,(aq) + 2H^+ + 2e^- \rightleftharpoons Cl_2\,(g) + 2H_2O$	+1.63
$Ag_2O_3\,(s) + 6H^+ + 4e^- \rightleftharpoons 2Ag^+ + 3H_2O$	+1.67
$HClO_2\,(aq) + 2H^+ + 2e^- \rightleftharpoons HClO\,(aq) + H_2O$	+1.67
$Pb^{4+} + 2e^- \rightleftharpoons Pb^{2+}$	+1.69
$\underline{MnO_4^-} + 4H^+ + 3e^- \rightleftharpoons \underline{MnO_2}\,(s) + 2H_2O$	+1.70
$AgO\,(s) + 2H^+ + e^- \rightleftharpoons Ag^+ + H_2O$	+1.77
$H_2O_2\,(aq) + 2H^+ + 2e^- \rightleftharpoons 2H_2O$	+1.78
$Co^{3+} + e^- \rightleftharpoons Co^{2+}$	+1.82
$Au^+ + e^- \rightleftharpoons Au\,(s)$	+1.83
$BrO_4^- + 2H^+ + 2e^- \rightleftharpoons BrO_3^- + H_2O$	+1.85

续表

半反应	$E^{\ominus}$/V
$Ag^{2+} + e^- \rightleftharpoons Ag^+$	+1.98
$S_2O_8^{2-} + 2e^- \rightleftharpoons 2SO_4^{2-}$	+2.010
$O_3(g) + 2H^+ + 2e^- \rightleftharpoons O_2(g) + H_2O$	+2.075
$HMnO_4^- + 3H^+ + 2e^- \rightleftharpoons MnO_2(s) + 2H_2O$	+2.09
$XeO_3(aq) + 6H^+ + 6e^- \rightleftharpoons Xe(g) + 3H_2O$	+2.12
$H_4XeO_6(aq) + 8H^+ + 8e^- \rightleftharpoons Xe(g) + 6H_2O$	+2.18
$FeO_4^{2-} + 3e^- + 8H^+ \rightleftharpoons Fe^{3+} + 4H_2O$	+2.20
$XeF_2(aq) + 2H^+ + 2e^- \rightleftharpoons Xe(g) + 2HF(aq)$	+2.32
$H_4XeO_6(aq) + 2H^+ + 2e^- \rightleftharpoons XeO_3(aq) + H_2O$	+2.42
$F_2(g) + 2e^- \rightleftharpoons 2F^-$	+2.87
$F_2(g) + 2H^+ + 2e^- \rightleftharpoons 2HF(aq)$	+3.05

附录 B　部分有机化合物在热导检测器上的相对响应值和（相对）校正因子

组分名称	S_M	S_m	f_M	f_m	组分名称	S_M	S_m	f_M	f_m
直链烷烃					3-甲基己烷	1.33	1.04	0.75	0.96
甲烷	0.357	1.73	2.80	0.58	3-乙基戊烷	1.31	1.02	0.76	0.98
乙烷	0.512	1.33	1.96	0.75	2,2,4-三甲基戊烷	1.47	1.01	0.68	0.99
丙烷	0.645	1.16	1.55	0.86	**不饱和烃**				
丁烷	0.851	1.15	1.18	0.87	乙烯	0.48	1.34	2.08	0.75
戊烷	1.05	1.14	0.95	0.88	丙烯	0.65	1.20	1.54	0.83
己烷	1.23	1.12	0.81	0.89	异丁烯	0.82	1.14	1.22	0.88
庚烷	1.43	1.12	0.70	0.89	1-丁烯	0.81	1.13	1.23	0.88
辛烷	1.60	1.09	0.63	0.92	(E)-2-丁烯	0.85	1.19	1.18	0.84
壬烷	1.77	1.08	0.57	0.93	(Z)-2-丁烯	0.87	1.22	1.15	0.82
癸烷	1.99	1.09	0.50	0.92	3-甲基-1-丁烯	0.99	1.10	1.01	0.91
十一烷	1.98	0.99	0.51	1.01	2-甲基-1-丁烯	0.99	1.10	1.01	0.91
十四烷	2.34	0.92	0.42	1.09	1-戊烯	0.99	1.10	1.01	0.91
C$_{20}$～C$_{36}$		1.09	—	0.92	(E)-2-戊烯	1.04	1.16	0.96	0.86
支链烷烃					(Z)-2-戊烯	0.98	1.10	1.02	0.91
异丁烷	0.82	1.10	1.22	0.91	2-甲基-2-戊烯	0.96	1.04	1.04	0.96
异戊烷	1.02	1.10	0.98	0.91	2,4,4-三甲基-1-戊烯	1.58	1.10	0.63	0.91
新戊烷	0.99	1.08	1.01	0.93	丙二烯	0.53	1.03	1.89	0.97
2,2-二甲基丁烷	1.16	1.05	0.86	0.95	1,3-丁二烯	0.80	1.16	1.25	0.86
2,3-二甲基丁烷	1.16	1.05	0.86	0.95	环戊二烯	0.68	0.81	1.47	1.23
2-甲基戊烷	1.20	1.09	0.83	0.92	2-甲基-1,3-丁二烯（异戊二烯）	0.92	1.06	1.09	0.94
3-甲基戊烷	1.19	1.08	0.84	0.93					
2,2-二甲基戊烷	1.33	1.04	0.75	0.06	1-甲基环己烯	1.15	0.93	0.87	1.07
2,4-二甲基戊烷	1.29	1.01	0.78	0.99	甲基乙炔	0.58	1.13	1.72	0.88
2,3-二甲基戊烷	1.35	1.05	0.74	0.95	双环戊二烯	0.76	0.78	1.32	1.28
3,5-二甲基戊烷	1.33	1.04	0.75	0.96	4-乙烯基环己烯	1.30	0.94	0.77	1.07
2,2,3-三甲基丁烷	1.29	1.01	0.78	0.99	环戊烯	0.80	0.92	1.25	1.09
2-甲基己烷	1.36	1.06	0.74	0.94	降冰片烯	1.13	0.94	0.89	1.06
					降冰片二烯	1.11	0.95	0.90	1.05

组分名称	S_M	S_m	f_M	f_m	组分名称	S_M	S_m	f_M	f_m
环庚三烯	1.04	0.88	0.96	1.14	1, 1-二甲基环戊烷	1.24	0.99	0.81	1.01
环 1, 3-辛二烯	1.27	0.91	0.79	1.10	乙基环戊烷	1.26	1.01	0.79	0.99
环 1, 5-辛二烯	1.31	0.95	0.76	1.05	(Z)-1, 2-二甲基环戊烷	1.25	1.00	0.80	1.00
环-1, 3, 5, 7-辛四烯	1.14	0.86	0.88	1.16	(Z, E)-1, 3-二甲基环戊烷	1.25	1.00	0.80	1.00
环十二碳三烯(反,反,反)	1.68	0.81	0.60	1.23	1, 2, 4-三甲基环戊烷(顺,反,顺)	1.36	0.95	0.74	1.05
环十二碳三烯	1.53	0.73	0.65	1.37					
芳　烃					1, 2, 4-三甲基环戊烷(顺,顺,反)	1.43	1.00	0.70	1.00
苯	1.00	1.00	1.00	1.00	环己烷	1.14	1.06	0.88	0.94
甲苯	1.16	0.98	0.86	1.02	甲基环己烷	1.20	0.95	0.83	1.05
乙基苯	1.29	0.95	0.78	1.05	1, 1-二甲基环己烷	1.41	0.98	0.71	1.02
间二甲苯	1.31	0.96	0.76	1.04	1, 4-二甲基环己烷	1.46	1.02	0.68	0.98
对二甲苯	1.31	0.96	0.76	1.04	乙基环己烷	1.45	1.01	0.69	0.99
邻二甲苯	1.27	0.93	0.79	1.08	正丙基环己烷	1.58	0.08	0.63	1.02
异丙苯	1.42	0.92	0.70	1.09	1, 1, 3-三甲基环己烷	1.39	0.86	0.72	1.16
正丙苯	1.45	0.95	0.69	1.05	**无机物**				
1, 2, 4-三甲苯	1.50	0.98	0.67	1.02					
1, 2, 3-三甲苯	1.49	0.97	0.67	1.03	氢	0.42	0.82	2.38	1.22
对-乙基甲苯	1.50	0.98	0.67	1.02	氮	0.42	1.16	2.38	0.86
1, 3, 5-三甲苯	1.49	0.97	0.67	1.03	氧	0.40	0.98	2.50	1.02
仲丁苯	1.58	0.92	0.63	1.09	二氧化碳	0.48	0.85	2.08	1.18
联二苯	1.69	0.86	0.59	1.16	一氧化碳	0.42	1.16	2.38	0.86
邻三联苯	2.17	0.74	0.46	1.35	四氯化碳	1.08	0.55	0.93	1.82
间三联苯	2.30	2.78	0.43	1.28	羰基铁[Fe(CO)₅]	1.50	0.60	0.67	1.67
对三联苯	2.24	0.76	0.45	1.32	硫化氢	0.38	0.88	2.63	1.14
三苯甲烷	2.32	0.74	0.43	1.35	水	0.33	1.42	3.03	0.70
萘	1.39	0.84	0.72	1.19	**酮　类**				
四氢萘	1.45	0.86	0.69	1.16	丙酮	0.86	1.15	1.16	0.87
1-甲基四氢萘	1.58	0.84	0.63	1.19	甲乙酮	0.98	1.05	1.02	0.95
1-乙基四氢萘	1.70	0.83	0.59	1.20	二乙酮	1.10	1.00	0.91	1.00
反十氢萘	1.50	0.85	0.67	1.18	3-己酮	1.23	0.96	0.81	1.04
顺十氢萘	1.51	0.86	0.66	1.16	2-己酮	1.30	1.02	0.77	0.98
环烷烃					3, 3-二甲基-2-丁酮	1.18	0.81	0.85	1.23
环戊烷	0.97	1.09	1.03	0.92	甲基正戊基酮	1.33	0.91	0.75	1.10
甲基环戊烷	1.15	1.07	0.87	0.93	甲基正己基酮	1.47	0.90	0.68	1.11

续表

组分名称	S_M	S_m	f_M	f_m	组分名称	S_M	S_m	f_M	f_m
环戊酮	1.06	0.99	0.94	1.01	醚　类				
环己酮	1.25	0.99	0.80	1.01	乙醚	1.10	1.16	0.91	0.86
2-壬酮	1.61	0.93	0.62	1.07	异丙醚	1.30	0.99	0.77	1.01
甲基异丁基酮	1.18	0.91	0.85	1.10	正丙醚	1.31	1.00	0.76	1.00
甲基异戊基酮	1.38	0.94	0.72	1.06	正丁醚	1.60	0.96	0.63	1.04
醇　类					正戊醚	1.83	0.91	0.55	1.10
甲醇	0.55	1.34	1.82	0.75	乙基正丁基醚	1.30	0.99	0.77	1.01
乙醇	0.72	1.22	1.39	0.82	二醇类				
丙醇	0.83	1.09	1.20	0.92	2,5-癸二醇	1.27	0.84	0.79	1.19
异丙醇	0.85	1.10	1.18	0.91	1,6-癸二醇	1.21	0.80	0.83	1.25
正丁醇	0.95	1.00	1.05	1.00	1,10-癸二醇	1.08	0.48	0.93	2.08
异丁醇	0.96	1.02	1.04	0.98	1,12-十二醇	1.10	0.49	0.91	2.04
仲丁醇	0.97	1.03	1.03	0.97	含氮化合物				
叔丁醇	0.96	1.02	1.04	0.98	正丁胺	1.14	1.22	0.88	0.82
3-甲基-1-戊醇	1.07	0.98	0.93	1.02	正戊胺	1.52	1.37	0.66	0.73
2-戊醇	1.10	0.98	0.91	1.02	正己胺	1.04	0.80	0.96	1.25
3-戊醇	1.09	0.96	0.92	1.04	吡咯	0.86	1.00	1.16	1.00
2-甲基-2-丁醇	1.06	0.94	0.94	1.06	二氢吡咯	0.83	0.94	1.20	1.06
正己醇	1.18	0.90	0.85	1.11	四氢吡咯	0.91	1.00	1.09	1.00
3-己醇	1.25	0.98	0.80	1.02	吡啶	1.00	0.99	1.00	1.01
2-己醇	1.30	1.02	0.77	0.98	1,2,5,6-四氢吡啶	1.03	0.96	0.97	1.04
正庚醇	1.28	0.86	0.78	1.16	哌啶	1.03	0.94	0.98	1.06
癸醇-5	1.84	0.91	0.54	1.10	丙烯腈	0.78	1.15	1.28	0.87
十二烷-2-醇	1.98	0.34	0.51	1.19	丙腈	0.84	1.20	1.19	0.83
环戊醇	1.09	0.99	0.92	1.01	正丁腈	1.05	1.19	0.95	0.84
环己醇	1.12	0.88	0.89	1.14	苯胺	1.14	0.95	0.88	1.05
酯　类					喹啉	1.94	1.16	0.52	0.86
乙酸乙酯	1.11	0.99	0.90	1.01	反十氢喹啉	1.17	0.66	0.85	1.51
乙酸乙丙酯	1.21	0.33	0.83	1.08	顺十氢喹啉	1.17	0.66	0.85	1.51
乙酸正丁酯	1.35	0.91	0.74	1.10	氨	0.40	1.86	2.5	0.54
乙酸正戊酯	1.46	0.88	0.68	1.14	杂环化合物				
乙酸异戊酯	1.45	0.87	0.69	1.10	环氧乙烷	0.58	1.03	1.72	0.97
乙酸正庚酯	1.70	0.84	0.59	1.19	环氧丙烷	0.80	1.07	1.25	0.93

续表

组分名称	S_M	S_m	f_M	f_m	组分名称	S_M	S_m	f_M	f_m
硫化氢	0.38	0.88	2.63	1.14	1-碘丙烷	1.17	0.54	0.85	1.85
甲硫醇	0.59	0.96	1.69	1.04	1-碘丁烷	1.29	0.55	0.78	1.82
乙硫醇	0.87	1.09	1.15	0.92	2-碘丁烷	1.23	0.52	0.81	1.92
1-丙硫醇	1.01	1.04	0.99	0.96	1-碘-2-甲基丙烷	1.22	0.52	0.82	1.92
四氢呋喃	0.83	0.90	1.20	1.11	1-碘戊烷	1.38	0.55	0.73	1.82
噻吩烷	1.03	0.91	0.97	1.09	二氯甲烷	0.94	0.87	1.06	1.14
硅酸乙脂	2.08	0.79	0.48	1.27	氯仿	1.08	0.71	0.93	1.41
乙醛	0.65	1.15	1.54	0.87	四氯化碳	1.20	0.61	0.83	1.64
2-乙氧基乙醇（溶纤剂）	1.07	0.93	0.93	1.08	二溴甲烷	1.07	0.48	0.93	2.08
卤化物					溴氯甲烷	1.00	0.61	1.00	1.64
1-氟己烷	1.24	0.93	0.81	1.08	1,2-二溴乙烷	1.17	0.48	0.85	2.08
1-氯丁烷	1.11	0.94	0.90	1.06	1-溴-2-氯乙烷	1.10	0.59	0.91	1.69
2-氯丁烷	1.09	0.91	0.92	1.10	1,1-二氯乙烷	1.03	0.81	0.97	1.23
1-氯-2-甲基丙烷	1.08	0.91	0.93	1.10	1,2-二氯丙烷	1.12	0.77	0.89	1.30
2-氯-2-甲基丙烷	1.04	0.88	0.96	1.14	（Z）-1,2-二氯乙烯	1.00	0.81	1.00	1.23
1-氯戊烷	1.23	0.91	0.81	1.10	2,3-二氯丙烯	1.10	0.77	0.91	1.30
1-氯己烷	1.34	0.87	0.75	1.14	三氯乙烯	1.15	0.69	0.87	1.45
1-氯庚烷	1.47	0.86	0.68	1.16	氟代苯	1.05	0.85	0.95	1.18
溴代乙烷	0.98	0.70	1.02	1.43	间二氟代苯	1.07	0.73	0.93	1.37
1-溴丙烷	1.08	0.68	0.93	1.47	邻氟代甲苯	1.16	0.83	0.86	1.20
2-溴丙烷	1.07	0.68	0.83	1.47	对氟代甲苯	1.17	0.83	0.85	1.20
1-溴丁烷	1.19	0.68	0.84	1.47	间氟代甲苯	1.18	0.84	0.85	1.19
2-溴丁烷	1.16	0.66	0.86	1.52	1-氯-3-氟代苯	1.19	0.72	0.84	1.38
1-溴-2-甲基丙烷	1.15	0.66	0.87	1.52	间溴-α,α,α-三氟代甲苯	1.45	0.52	0.68	1.92
1-溴戊烷	1.28	0.66	0.78	1.52	氯代苯	1.16	0.80	0.86	1.25
碘代甲烷	0.96	0.53	1.04	1.89	邻氯代甲苯	1.28	0.79	0.78	1.27
碘代乙烷	1.06	0.53	0.94	1.89	氯代环己烷	1.20	0.79	0.83	1.27
					溴代苯	1.24	0.62	0.81	1.61

注：载气——H$_2$，基准物——苯。

附录 C 部分有机化合物在 FID 上的校正因子

化合物	S_m	f_m	化合物	S_m	f_m	化合物	S_m	f_m
甲烷	0.87	1.15	2-甲基-3-乙基戊烷	0.88	1.14	1-甲基-顺-3-乙基环戊烷	0.89	1.12
乙烷	0.87	1.15	2,2,3-三甲基戊烷	0.91	1.10	1,1,2-三甲基环戊烷	0.92	1.09
丙烷	0.87	1.15	2,2,4-三甲基戊烷	0.89	1.12	1,1,3-三甲基环戊烷	0.93	1.08
丁烷	0.92	1.09	2,3,3-三甲基戊烷	0.90	1.11	反-1,2-顺-3-三甲基环戊烷	0.90	1.11
戊烷	0.93	1.08	2,3,4-三甲基戊烷	0.88	1.14	反-1,2-顺-4-三甲基环戊烷	0.88	1.12
己烷	0.92	1.09	2,2-二甲基庚烷	0.87	1.15	顺-1,2-反-3-三甲基环戊烷	0.88	1.12
庚烷	0.89	1.12	3,3-二甲基庚烷	0.89	1.12	顺-1,2-反-4-三甲基环戊烷	0.88	1.12
辛烷	0.87	1.15	2,4-二甲基-3-乙基戊烷	0.88	1.14	异丙基环戊烷	0.88	1.12
壬烷	0.88	1.14	2,2,3-三甲基己烷	0.90	1.11	正丙基环戊烷	0.87	1.15
异戊烷	0.94	1.06	2,2,4-三甲基己烷	0.88	1.14	环己烷	0.90	1.11
2,2-二甲基丁烷	0.93	1.08	2,2,5-三甲基己烷	0.88	1.14	甲基环己烷	0.90	1.14
2,3-二甲基丁烷	0.92	1.09	2,3,3-三甲基己烷	0.89	1.12	乙基环己烷	0.90	1.11
2-甲基戊烷	0.94	1.06	2,3,5-三甲基己烷	0.86	1.16	1-甲基-反-4-甲基环己烷	0.88	1.00
3-甲基戊烷	0.93	1.08	2,4,4-三甲基己烷	0.90	1.11	1-甲基-顺-4-甲基环己烷	0.86	1.04
2-甲基己烷	0.91	1.10	2,2,3,3-四甲基戊烷	0.89	1.12	1,1,2-三甲基环己烷	0.90	1.09
3-甲基己烷	0.91	1.10	2,2,3,4-四甲基戊烷	0.88	1.14	异丙基环己烷	0.88	1.12
2,2-二甲基戊烷	0.91	1.10	2,3,3,4-四甲基戊烷	0.88	1.14	环庚烷	0.90	1.08
2,3-二甲基戊烷	0.88	1.14	3,3,5-三甲基庚烷	0.88	1.14	苯	1.00	1.10
2,4-二甲基戊烷	0.91	1.10	2,2,3,4-四甲基己烷	0.90	1.11	甲苯	0.96	1.10
3,3-二甲基戊烷	0.92	1.09	2,2,4,5-四甲基己烷	0.89	1.12	乙基苯	0.92	1.11
3-乙基戊烷	0.91	1.10	环戊烷	0.93	1.08	对二甲苯	0.89	1.12
2,2,3-三甲基丁烷	0.91	1.10	甲基环戊烷	0.90	1.11	间二甲苯	0.93	1.08
2-甲基庚烷	0.87	1.15	乙基环戊烷	0.89	1.12	邻二甲苯	0.91	1.10
3-甲基庚烷	0.90	1.11	1,1-二甲基环戊烷	0.92	1.09	1-甲基-2-乙基苯	0.91	1.10
4-甲基庚烷	0.91	1.10	反-1,2-二甲基环戊烷	0.90	1.11	1-甲基-3-乙基苯	0.90	1.11
2,2-二甲基己烷	0.90	1.11	顺-1,2-二甲基环戊烷	0.89	1.12	1-甲基-4-乙基苯	0.89	1.12
2,3-二甲基己烷	0.88	1.14	反-1,3-二甲基环戊烷	0.89	1.12	1,2,3-三甲苯	0.88	1.14
2,4-二甲基己烷	0.88	1.14	顺-1,3-二甲基环戊烷	0.89	1.12	1,2,4-三甲苯	0.87	1.15
2,5-二甲基己烷	0.90	1.11	1-甲基-反-2-乙基环戊烷	0.90	1.11	1,3,5-三甲苯	0.88	1.14
3,4-二甲基己烷	0.88	1.14	1-甲基-顺-2-乙基环戊烷	0.89	1.12	异丙苯	0.87	1.15
3-乙基己烷	0.89	1.12	1-甲基-反-3-乙基环戊烷	0.87	1.15	正丙苯	0.90	1.11

化合物	S_m	f_m	化合物	S_m	f_m	化合物	S_m	f_m
1-甲基-2-异丙苯	0.88	1.14	甲基戊醇	0.58	1.72	辛酸	0.58	1.72
1-甲基-3-异丙苯	0.90	1.11	己醇	0.66	1.52	乙酸甲酯	0.18	5.56
1-甲基-4-异丙苯	0.88	1.14	辛醇	0.76	1.32	乙酸乙酯	0.34	2.94
仲丁苯	0.89	1.12	癸醇	0.75	1.33	乙酸异丙酯	0.44	2.27
叔丁苯	0.91	1.10	丁醛	0.55	1.82	乙酸仲丁酯	0.46	2.17
正丁苯	0.88	1.14	庚醛	0.69	1.45	乙酸异丁酯	0.48	2.08
乙炔	0.96	1.04	辛醛	0.70	1.43	乙酸丁酯	0.49	2.04
乙烯	0.91	1.10	癸醛	0.72	1.40	乙酸异戊酯	0.55	1.82
1-己烯	0.88	1.14	丙酮	0.440	2.27	乙酸甲基异戊酯	0.56	1.79
1-辛烯	1.03	0.97	甲乙酮	0.54	1.85	己酸乙基（2）乙酯	0.64	1.56
1-癸烯	1.01	0.99	甲基异丁基酮	0.63	1.59	乙酸 2-乙氧基乙醇酯	0.450	2.22
甲醇	0.21	4.76	乙基丁基酮	0.63	1.59	己酸己酯	0.70	1.42
乙醇	0.41	2.43	二异丁基酮	0.64	1.56	乙腈	0.35	2.86
正丙醇	0.54	1.85	乙基戊基酮	0.72	1.39	三甲基胺	0.41	2.44
异丙醇	0.47	2.13	环己烷	0.64	1.56	叔丁基胺	0.48	2.08
正丁醇	0.59	1.69	甲酸	0.009	111.1	二乙基胺	0.54	1.85
异丁醇	0.61	1.64	乙酸	0.21	4.76	苯胺	0.67	1.49
仲丁醇	0.56	1.79	丙酸	0.36	2.78	二正丁基胺	0.67	1.49
叔丁醇	0.66	1.52	丁酸	0.43	2.33	2-乙氧基乙醇	0.40	2.50
戊醇	0.63	1.59	己酸	0.56	1.791	2-丁氧基乙醇	0.55	1.82
1,3-二甲基丁醇	0.66	1.52	庚酸	0.54	0.85	异佛尔酮	0.76	1.32
						噻吩烷	0.51	1.96

附录 D 国际相对原子质量表

元素		原子序数	相对原子质量	元素		原子序数	相对原子质量
符号	名称			符号	名称		
H	氢	1	1.007 94	Ga	镓	31	69.723
He	氦	2	4.002 602	Ge	锗	32	72.64
Li	锂	3	6.941	As	砷	33	74.921 60
Be	铍	4	9.012 182	Se	硒	34	78.96
B	硼	5	10.811	Br	溴	35	79.904
C	碳	6	12.010 7	Kr	氪	36	83.798
N	氮	7	14.006 7	Rb	铷	37	85.467 8
O	氧	8	15.999 4	Sr	锶	38	87.62
F	氟	9	18.998 403 2	Y	钇	39	88.905 85
Ne	氖	10	20.179 7	Zr	锆	40	91.224
Na	钠	11	22.989 770	Nb	铌	41	92.906 38
Mg	镁	12	24.305 0	Mo	钼	42	95.94
Al	铝	13	26.981 538	Tc	锝	43	93.907
Si	硅	14	28.085 5	Ru	钌	44	101.07
P	磷	15	30.973 761	Rh	铑	45	102.905 50
S	硫	16	32.065	Pd	钯	46	106.42
Cl	氯	17	35.453	Ag	银	47	107.868 2
Ar	氩	18	39.948	Cd	镉	48	112.411
K	钾	19	39.098 3	In	铟	49	114.818
Ca	钙	20	40.078	Sn	锡	50	118.710
Sc	钪	21	44.955 910	Sb	锑	51	121.760
Ti	钛	22	47.867	Te	碲	52	127.60
V	钒	23	50.941 5	I	碘	53	126.904 47
Cr	铬	24	51.996 1	Xe	氙	54	131.293
Mn	锰	25	54.938 049	Cs	铯	55	132.905 45
Fe	铁	26	55.845	Ba	钡	56	137.327
Co	钴	27	58.933 200	La	镧	57	138.905 5
Ni	镍	28	58.693 4	Ce	铈	58	140.116
Cu	铜	29	63.546	Pr	镨	59	140.907 65
Zn	锌	30	65.409	Nd	钕	60	144.24

元素		原子序数	相对原子质量	元素		原子序数	相对原子质量
符号	名称			符号	名称		
Pm	钷	61	144.91	Bi	铋	83	208.980 38
Sm	钐	62	150.36	Po	钋	84	208.98
Eu	铕	63	151.964	At	砹	85	209.99
Gd	钆	64	157.25	Rn	氡	86	222.02
Tb	铽	65	158.925 34	Fr	钫	87	223.02
Dy	镝	66	162.500	Ra	镭	88	226.03
Ho	钬	67	164.930 32	Ac	锕	89	227.03
Er	铒	68	167.259	Th	钍	90	232.038 1
Tm	铥	69	168.934 21	Pa	镤	91	231.035 88
Yb	镱	70	173.04	U	铀	92	238.028 9
Lu	镥	71	174.967	Np	镎	93	237.05
Hf	铪	72	178.49	Pu	钚	94	244.06
Ta	钽	73	180.947 9	Am	镅	95	243.06
W	钨	74	183.84	Cm	锔	96	247.07
Re	铼	75	186.207	Bk	锫	97	247.07
Os	锇	76	190.23	Cf	锎	98	251.08
Ir	铱	77	192.217	Es	锿	99	252.08
Pt	铂	78	195.078	Fm	镄	100	257.10
Au	金	79	196.966 5	Md	钔	101	258.10
Hg	汞	80	200.59	No	锘	102	259.10
Tl	铊	81	204.383 3	Lr	铹	103	260.11
Pb	铅	82	207.2				